工程制图

主　编：毛会玉　赵秀琴
副主编：虞正鹏　陈建武

U0351970

华中师范大学出版社

内 容 提 要

本书是结合非机械类理工科专业的特点,采用最新的有关制图国家标准编写而成的。教学参考学时为 32 学时～48 学时。

本书共分 10 章,内容包括制图的基本知识、投影基础、基本体及其表面交线、轴测图、组合体、机件常用表达方法、标准件与常用件、零件图、装配图和计算机绘图基础。本教材内容经过认真组织与精选,力求文字简练,图示清晰,通俗易懂,注重对非机械类各专业的适用性。本教材有配套用书《工程制图习题集》,供教师参考使用。

本教材可供高等学校非机械类理工科专业本科生的教学使用,也可作为高职高专、函授、电大或其他类型学校有关专业的教学用书,还可作为相关工程技术人员的参考资料。

图书在版编目(CIP)数据

工程制图/毛会玉,赵秀琴主编. —武汉:华中师范大学出版社,2015.2(2022.7 重印)
ISBN 978-7-5622-6876-5

Ⅰ.①工…　Ⅱ.①毛…　②赵…　Ⅲ.①工程制图—高等学校—教材　Ⅳ.①TB32

中国版本图书馆 CIP 数据核字(2014)第 290495 号

工程制图

ⓒ 毛会玉　赵秀琴　主编

编辑室:高等教育分社	电话:027—67867364
责任编辑:张晶晶	责任校对:王　胜　　　封面设计:胡　灿
出版发行:华中师范大学出版社	
社址:湖北省武汉市珞喻路 152 号	邮编:430079
销售电话:027—67861549	
邮购电话:027—67861321	传真:027—67863291
网址:http://press.ccnu.edu.cn	电子信箱:press@mail.ccnu.edu.cn
印刷:武汉兴和彩色印务有限公司	督印:刘　敏
字数:310 千字	
开本:787mm×1092mm　1/16	印张:12.75
版/印次:2022 年 7 月第 1 版第 3 次印刷	
印数:3501—5500	定价:32.00 元

欢迎上网查询、购书

前　言

　　为适应非机械类理工科各类专业的发展要求,满足高等院校以培养应用型人才为主要目标的需要,我们结合近年来工程制图课程教学改革的特点,依照高等学校工科制图课程教学指导委员会制订的"画法几何及工程制图课程教学基本要求",特编写本教材。

　　教材的编写以培养学生的创新设计能力为目标,根据理工科各类专业的特点,立足培养面向 21 世纪的高级工程应用型人才。它面向现代制造技术,并紧紧围绕以"学"为中心、以"提高素质"为目的的指导思想,简明扼要,覆盖面广。其主要特色包括:

　　1. 实用性强。在教材体系结构的安排上充分考虑便于教学、培训和自学的情况,按教学顺序编写,并有大量插图和实例,符合教学规律。

　　2. 体系严谨,表述规范。其内容精练,叙述准确,通俗易懂,便于自学。图形绘制清晰,所绘图样符合国家制图标准。

　　3. 理论与实践相结合,针对性强。书中每章都有足够的精心安排的思考与训练题(含所给文字和图形条件、要求、提示、步骤等),学生通过学习训练可举一反三,融会贯通。

　　在编写本教材过程中,我们参考了许多国内已公开出版的书籍和资料,从中引用了一些数据和图形,在此谨向作者表示衷心的感谢。

　　本教材采用了最新的《技术制图》、《机械制图》及其他相关国家标准和行业标准。

　　本教材还配有《工程制图习题集》,为教师布置作业及作业讲评提供了方便。需要习题答案和提示的学校和老师可与编者或华中师范大学出版社联系。

　　本书由毛会玉、赵秀琴任主编,参加本书编写工作的有毛会玉、赵秀琴、虞正鹏、陈建武。另外,在本书的编写过程中,我们得到了很多工程图学专业教师的大力支持与指点,在此表示真诚的感谢。

　　限于编者水平,书中不妥和疏漏之处在所难免,恳请读者批评指正。

编　者

2015 年 2 月

目　　录

绪 论

一、图样及其在生产中的作用

根据投影原理、国家标准或有关规定，表示工程对象，并有必要的技术说明的图，称为工程图样。

人类在近代生产活动中，如机器、仪器、工程建筑等产品和设备的设计、制造、安装、使用和维修等，都离不开图样。图样作为表达设计意图和交流技术思想的一种工具，被称为工程界无声的语言。因此，每个从事工程技术的人员，都必须具有绘制和阅读图样的能力。

二、本课程的主要任务

本课程研究绘制和阅读工程图样的原理和方法，培养学生的形象思维能力，是一门既有系统理论又有较强实践性的技术基础课。通过本课程的学习，学生可掌握绘制和阅读工程图样的基本技能，为学习后续课程打下坚实的基础。

本课程的主要任务是：

（1）掌握正投影法的基础理论和基本方法，培养和发展空间思维能力。

（2）培养徒手绘图、尺规作图、计算机绘图的基本能力。

（3）了解制图国家标准和有关行业标准的相关规定，具有查阅手册和技术资料的能力。

（4）能够绘制和阅读中等复杂程度的零件图和装配图，具备一定的实际应用能力。

（5）培养认真负责的工作态度和严谨科学的工作作风。

三、本课程的特点和学习方法

本课程是一门空间概念很强的学科，学好本课程的关键在于培养空间想象力。本课程的实践性也很强，只有通过绘图实践，才可以提高绘图基本功，发展空间想象力，理解和巩固图样的规定画法和制图的各种知识。在学习中，要注意借助模型，将空间物体和投影作图结合起来，由浅入深，多读、多画、多想，反复实践，及时、认真、独立地完成作业，循序渐进地培养和发展空间想象能力。

总之，只要多做题，有耐心、细心、恒心，就一定能学好制图这门课。

第一章　制图的基本知识

【知识目标】

1. 了解制图国家标准的基本规定。
2. 理解几何作图的原理和尺寸标注的规定。
3. 掌握平面图形的分析和绘制方法。

【能力目标】

1. 能够正确标注平面图形的尺寸。
2. 能够正确分析平面图形的构成，准确作出所需的平面图形。

第一节　制图国家标准的基本规定

图样是工程技术人员表达设计思想、进行技术交流的工具，同时也是指导工业生产的重要技术文件，所以图样被称为工程界"无声的语言"。为了便于图样的管理和交流，国家质量技术监督局发布了《技术制图》和《机械制图》国家标准，对制图作出了一系列统一的规定。

我国国家标准的代号是 GB，如 GB/T 14689—2008。其中，"T"表示推荐性国家标准，字母后的数字为该标准的编号，连接号后的数字为该标准发布的年号。

本节主要介绍图纸幅面和格式、比例、图线、字体以及尺寸注法的相关规定。

一、图纸幅面和格式（GB/T 14689—2008）

1. 图纸幅面

图纸幅面是指图纸宽度与长度组成的图面。绘制图样时，应优先采用 5 种基本幅面，代号为 A0、A1、A2、A3、A4，其尺寸见表 1-1。

表 1-1　图纸基本幅面尺寸及图框尺寸

幅面代号	A0	A1	A2	A3	A4
$B \times L$	841×1189	594×841	420×594	297×420	210×297
a	25				
c	10			5	
e	20		10		

幅面尺寸中，B 表示短边，L 表示长边。必要时也可以选用加长图纸的幅面，但这些幅面的尺寸必须与基本幅面的短边成整数倍增加后得出。如图 1-1 所示，粗实线所示为基本幅面的关系；虚线所示为加长幅面。

2. 图框格式

绘图时，在标准图幅内应画出图框。图框用粗实线绘制，并分为留有装订边和不留装

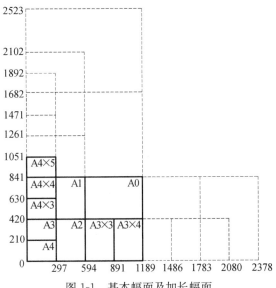

图 1-1 基本幅面及加长幅面

订边两种。同一产品的图样只能采用同一种格式，图样必须画在图框之内。图 1-2 为留有装订边的图框格式，图 1-3 为不留装订边的图框格式。

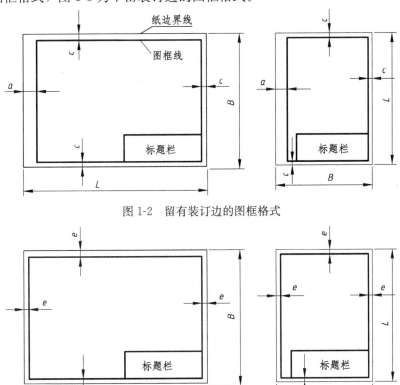

图 1-2 留有装订边的图框格式

图 1-3 不留装订边的图框格式

3. 标题栏

每张图纸都必须有标题栏。标题栏一般位于图框的右下角，方向同看图方向。标题栏外框为粗实线，内部分栏线为细实线。标题栏的内容、格式与尺寸按 GB/T 10609.1－2008 的规定，如图 1-4 所示。学生的制图作业可以采用如图 1-5 所示的简易标题栏。

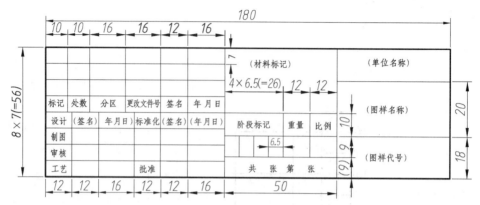

图 1-4　国家标准规定的标题栏格式

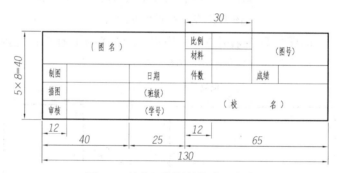

图 1-5　简化标题栏的格式和内容

二、比例（GB/T 14690—2008）

图中图形与其实物相应要素的线性尺寸之比称为比例。绘图时，应按表 1-2 中列出的比例选取。绘制同一机件的各个图形原则上应采用相同的比例，填在标题栏中。当个别图形采用不同比例时，必须在该图形处另外标出。

无论采用何种比例绘图，图样中所标注的尺寸必须按机件的实际大小标注，与图样的准确程度和比例大小无关。

表 1-2　绘图比例系列（摘自 GB/T 14690—2008）

种类	优先选用的比例	允许选用的比例
原值比例	$1:1$	
缩小比例	$1:2$，$1:5$，$1:1\times10^n$，$1:2\times10^n$，$1:5\times10^n$	$1:1.5$，$1:2.5$，$1:3$，$1:4$，$1:6$，$1:1.5\times10^n$，$1:2.5\times10^n$，$1:3\times10^n$，$1:4\times10^n$，$1:6\times10^n$
放大比例	$2:1$，$5:1$，$1\times10^n:1$，$2\times10^n:1$，$5\times10^n:1$	$2.5:1$，$4:1$，$2.5\times10^n:1$，$4\times10^n:1$

三、字体（GB/T 14691—1993）

图样上除了表达物体形状的图形外，还需要用字体来表示图形中的尺寸标注、技术要求和其他内容。按国家标准的规定，在图样中书写的字体必须做到：字体工整、笔画清楚、间隔均匀、排列整齐。字体的高度用 h 表示，其公称尺寸系列为：1.8 mm、2.5 mm、3.5 mm、5 mm、7 mm、10 mm、14 mm、20 mm。图样中的字体可分为汉字、字母和数字。

1. 汉字

汉字要写成长仿宋体，并采用中华人民共和国国务院正式公布推行的《汉字简化方案》中规定的简化字。长仿宋体的书写要领为：横平竖直、注意起落、结构匀称、填满方格。汉字的高度 h 应不小于 3.5 mm，其字宽一般为 $h/\sqrt{2}$。汉字的书写示例见表1-3。

表 1-3　长仿宋体汉字示例

10 号	字体工整　笔画清楚　间隔均匀　排列整齐
7 号	横平竖直、注意起落、结构匀称、填满方格
5 号	制图汉字要写成长仿宋体，并采用中华人民共和国国务院正式公布推行的简化字

2. 字母和数字

字母和数字分为 A 型和 B 型两种。A 型字体的笔画宽度（d）为字高的 1/14，B 型字体的笔画宽度为字高的 1/10。在同一图样上，只允许选用一种字型。字母和数字可写成斜体或直体，一般采用斜体字。斜体字字头向右倾斜，与水平基准线成 75°。用作指数、分数、极限偏差、注脚等的数字及字母，一般采用比基本尺寸数字小一号的字体。字母和数字的书写范例见表1-4。

表 1-4　拉丁字母、阿拉伯数字和罗马数字示例

拉丁字母	大写斜体	*ABCDEFGHIJKMNOPRSTUVWXYZ*
	小写斜体	*abcdefghijklopqrstuvwxyz*
阿拉伯数字	斜体	*0123456789*
	正体	0123456789
罗马数字	斜体	*Ⅰ Ⅱ Ⅲ Ⅳ Ⅴ Ⅵ Ⅶ Ⅷ Ⅸ Ⅹ*
	正体	Ⅰ Ⅱ Ⅲ Ⅳ Ⅴ Ⅵ Ⅶ Ⅷ Ⅸ Ⅹ

四、图线（GB/T 17450—1998、GB/T 4457.4—2002）

图线是画在图纸上的各种型式的线条。绘图时应采用国家标准规定的图线型式和画

法。国家标准《技术制图 图线》（GB/T 17450—1998）中规定了技术制图所用图线的名称、型式、应用和画法规则。

1. 图线的型式及应用

国家标准规定的基本线型共有 15 种，常用图线的各类型式、宽度及用途见表 1-5，各种线型的应用示例如图 1-6 所示。

图样中分为粗、细两种图线宽度，其宽度比例为 2：1。线宽推荐系列为：0.13 mm、0.18 mm、0.25 mm、0.35 mm、0.5 mm、0.7 mm、1 mm、1.4 mm、2.0 mm。粗线宽度一般优先采用 0.5 mm 或 0.7 mm，避免采用 0.18 mm。

表 1-5 图线型式及主要用途

图线名称	图线型式	图线宽度	一般用途
粗实线	————	d	可见棱边线、可见轮廓线、相贯线、螺纹牙顶线、齿顶圆（线）、剖切符号用线等
细实线	 ————	$d/2$	过渡线、尺寸线、尺寸界线、指引线、剖面线、重合断面的轮廓线、螺纹牙底线、齿根线等
波浪线	 ～～～	$d/2$	断裂处的边界线、视图与剖视图的分界线
双折线	 ——／\———	$d/2$	断裂处的边界线、视图与剖视图的分界线
细虚线	 — — — —	$d/2$	不可见棱边线、不可见轮廓线
细点画线	 — · — · —	$d/2$	轴线、对称中心线、分度圆（线）、剖切线、孔系分布的中心线
细双点画线	 — · · — · · —	$d/2$	相邻辅助零件的轮廓线、可动零件的极限位置轮廓线等

2. 图线的画法

（1）同一图样中，同类图线的宽度应一致；虚线、点画线及双点画线的线段长度和间隔应大致相等。

（2）两条平行线之间的距离应不小于粗实线的 2 倍，最小间距不小于 0.7 mm。

（3）点画线两端应超出圆的轮廓线 2 mm～5 mm，且应是线段而不是短划。绘制圆的对称中心线时，圆心应是线段的交点。在较小的图形上绘制点画线时可用细实线代替。

（4）虚线与虚线、虚线与粗实线相交应是线段相交；当虚线是粗实线的延长线时，粗实线应画到分界点，而虚线应以间隔与之相连。

（5）图线不得与文字、数字或符号重叠、混淆，不可避免时，应首先保证文字等的清晰。

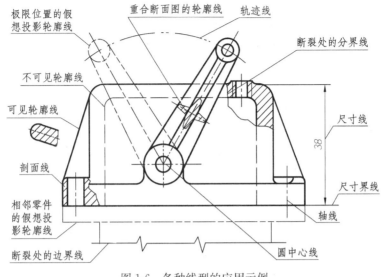

图 1-6 各种线型的应用示例

五、尺寸标注（GB/T 4458.4—2003，GB/T 16675.2—1996）

图样中的尺寸用以直接确定形体的真实大小和位置，其尺寸标注必须遵循国家标准（GB/T 4458.4—2003，GB/T 16675.2—1996）有关尺寸注法的规定。

1. 标注尺寸的基本规则

（1）机件的真实大小应以图样上所注的尺寸数值为依据，与图形的大小及绘图的准确度无关。

（2）图样中（包括技术要求和其他说明）的尺寸，以 mm 为单位，不需标注计量单位的代号或名称，如采用其他单位，则必须注明相应的计量单位的代号或名称。例如：角度为 45 度 15 分 10 秒，则在图样上应标注成"45°15′10″"。

（3）图样中所标注的尺寸，为该图样所示机件的最后完工尺寸，否则应另加说明。

（4）机件的每一个尺寸，一般只标注一次，并应标注在反映该结构最清晰的图形上。

2. 基本组成及线性尺寸的标注

一个完整的尺寸是由尺寸界线、尺寸线、尺寸线终端和尺寸数字组成，如图 1-7 所示。

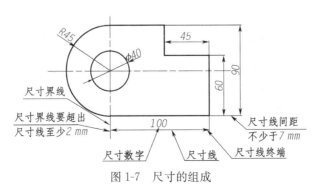

图 1-7 尺寸的组成

（1）尺寸界线

尺寸界线表示所注尺寸的范围，一般用细实线绘制，也可用轴线、中心线和可见轮廓线作为尺寸界线。尺寸界线应与尺寸线垂直，并超出尺寸线约 2 mm～5 mm，如图 1-7 所示。

（2）尺寸线

尺寸线表示尺寸度量的方向，必须用细实线单独绘制，不得由其他图线代替，也不得与其他图线重合或画在其延长线上。标注线性尺寸时，尺寸线应与所标注的线段平行。互相平行的尺寸线，应从被标注的图样轮廓线由近向远整齐排列，小尺寸应离轮廓线较近，大尺寸离轮廓线较远。图样轮廓线以外的尺寸线，距图样最外轮廓线之间距离不宜小于 7 mm，平行排列的尺寸线的间距为 5 mm～10 mm，并应保持一致，如图 1-7 所示。

尺寸线的终端有箭头和斜线两种形式，如图 1-8 所示。同一张图样中只能采用一种尺寸线终端形式，机械制图中一般采用箭头作为尺寸线的终端。

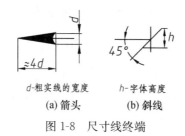

d-粗实线的宽度　　　　h-字体高度

(a) 箭头　　　　(b) 斜线

图 1-8　尺寸线终端

（3）尺寸数字

尺寸数字表示物体的实际大小。尺寸数字不能被任何图线通过，当不可避免时应将图线断开。

线性尺寸的尺寸数字，一般应填写在尺寸线的上方或中断处。线性尺寸的书写方向：以标题栏文字方向为准，水平方向的尺寸数字，其字头朝上；垂直方向的尺寸数字，其字头朝左；其他倾斜尺寸，其字头方向如图 1-9（a）所示。注意：不要在图示 30°范围内标注尺寸，如无法避免，可按图 1-9（b）所示的方向进行标注。对于非水平方向的尺寸，也允许在尺寸线中断处水平地标注。

表 1-6 所示为一些常用的符号，标注尺寸时应尽量使用。

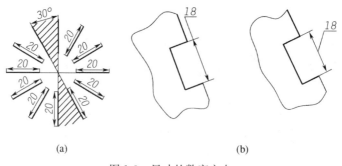

(a)　　　　　　　　　　　　(b)

图 1-9　尺寸的数字方向

表 1-6 标注尺寸的符号（GB/T 4458.4—2003）

名称	符号或缩写词	名称	符号或缩写词
ϕ	直径	T	厚度
R	半径	$\vee$	埋头孔
S	球	$\sqcup$	沉孔或锪平孔
EQS	均布	$\top$	深度
C	45°倒角	$\square$	正方形
$\angle$	斜度	$\triangleright$	锥度

3. 常见尺寸标注示例

常见的尺寸标注方法见表 1-7。

表 1-7 常见尺寸标注示例

标注内容	示　例	说　明
角度		角度尺寸线应画成圆弧，其圆心是该角的顶点。角度尺寸界线应沿径向引出。 角度的尺寸数字一律水平书写，一般注写在尺寸线的中断处，必要时也可以注写在尺寸线的上方或外面，也可引出标注。
弧长和弦长		弦长和弧长的尺寸界线应平行于该弦的垂直平分线。
圆		直径、半径的尺寸数字前应分别加符号"ϕ"或"R"。通常，对小于或等于半圆的圆弧注半径，对大于半圆的圆弧或以同心圆画出的几段不连续圆弧则注直径。尺寸线应按图例绘制。
大圆弧		当圆弧的半径过大，或在图纸范围内无法标出其圆心位置时，可按图（a）的形式标注，若不需要标出圆心位置时，可按图（b）的形式标注。标注球面的直径或半径时，应在符号"ϕ"或"R"前加注符号"S"。

续表

标注内容	示　　例	说　　明
光滑 过渡处		在光滑过渡处必须用细实线将轮廓线延长，并从它们的交点处引出尺寸界线，一般应垂直，若不清晰时，则允许尺寸界线倾斜。
小尺寸		当遇到连续几个较小的尺寸时，允许用黑圆点或斜线代替箭头。 在图形上直径较小的圆或圆弧，在没有足够的位置画箭头或注写数字时，可按左图的形式标注。标注小圆弧半径的尺寸线，不论其是否画到圆心，但其方向必须通过圆心。
对称机件 的标注		当对称机件的图形只画出一半或略大于一半时，尺寸线应略超过对称中心线或断裂处的边界线，此时仅在尺寸线的一端画出箭头，并在对称中心线两端分别画出两条与其垂直的平行细实线作为对称符号。

第二节　几何作图

一、圆周等分和作正多边形

1. 作正三角形

（1）用圆规和三角板作圆的内接正三角形，如图 1-10 所示。

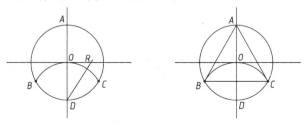

图 1-10　用圆规和三角板作圆的内接正三角形

（2）用丁字尺和三角板作圆的内接正三角形，如图 1-11 所示。

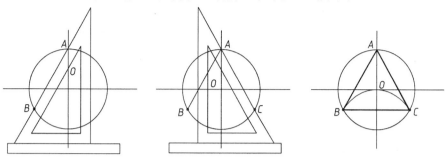

图 1-11　用丁字尺和三角板作圆的内接正三角形

2. 作正五边形

求作外接圆的内接正五边形，其作图方法如图 1-12 所示。

（1）以 A 为圆心，OA 为半径，画圆弧交圆于 B、C，连接 BC 得 OA 中点 M，如图 1-12（a）所示。

（2）以 M 为圆心，MI 为半径，画圆弧得交点 K，如图 1-12（b）所示。

（3）以 KI 长截圆周得点 I、II、III、IV、V，依次连接得正五边形，如图 1-12（c）所示。

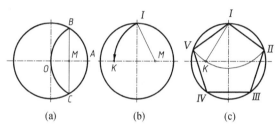

图 1-12　正五边形画法

3. 作正七边形

求作外接圆的内接正七边形，其作图方法如图 1-13 所示。

（1）将直径七等分（对 n 边形可 n 等分），以 N 点为圆心，外接圆的直径为半径，画圆弧交水平中心线于 A 和对称点 B，如图 1-13（a）所示。

（2）作 A 或 B 与直线上的奇数点（或偶数点）连线，延长线到圆周即得 7 个等分点，如图 1-13（b）所示。

（3）依次连接各点，完成正七边形，如图 1-13（c）所示。

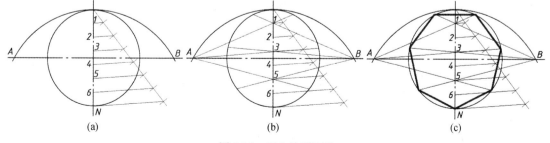

图 1-13　正七边形画法

二、圆弧连接

绘制平面图形时，经常会遇到用圆弧光滑连接已知直线或圆弧的情况，这种作图方式称为光滑连接。光滑连接也就是几何上所说的相切。为了得到光滑连接的图形，在作图时就必须准确地作出连接圆弧的圆心及切点。

1. 用半径为 R 的圆弧连接两已知相交直线 M、N

作图方法如图 1-14 所示。

（1）作与两已知直线分别相距为 R 的平行线，交点 O 即为连接圆弧的圆心。

（2）过 O 点向两已知直线作垂线，垂足 T_1、T_2 即为两切点。

（3）以 O 点为圆心，以 R 为半径，在 T_1、T_2 之间画出连接圆弧。

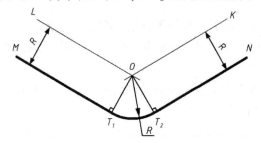

图 1-14　用圆弧连接两直线

2. 用半径为 R 的圆弧同时外切两已知圆弧

作图方法如图 1-15 所示。

（1）分别以 O_1、O_2 为圆心，R_1+R 和 R_2+R 为半径画圆弧，两弧的交点 O_3 即为连接圆弧的圆心。

（2）连接 O_3O_1、O_3O_2 交两已知圆弧于 C_1、C_2，即为两切点。

（3）以 O_3 为圆心，R 为半径，由 C_1 到 C_2 作圆弧即为所求。

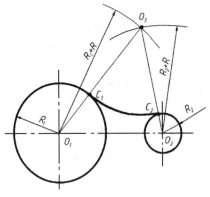

图 1-15　外切连接

3. 用半径为 R 的圆弧同时内切两已知圆弧

作图方法如图 1-16 所示。

（1）分别以 O_1、O_2 为圆心，$R-R_1$ 和 $R-R_2$ 为半径画圆弧，两弧的交点 O_3 即为连接圆弧的圆心。

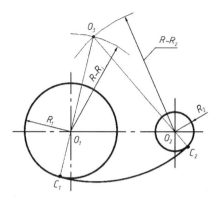

图 1-16　内切连接

（2）连接 O_3O_1、O_3O_2 并延长交两已知圆弧于 C_1、C_2，即为两切点。

（3）以 O_3 为圆心，R 为半径，由 C_1 到 C_2 作圆弧即为所求。

4. 用半径为 R 的圆弧连接已知圆弧和直线

作图方法如图 1-17 所示。

（1）以 O_1 为圆心，$R+R_1$ 为半径作圆弧。

（2）作与已知直线平行且相距为 R 的直线。

（3）连接 O_1O，求得与已知圆弧的切点 C_1。

（4）由 O 向已知直线作垂线，求得与已知直线的切点 C_2。

（5）以 O 为圆心，R 为半径，由 C_1 到 C_2 作圆弧即为所求。

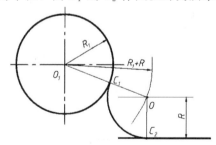

图 1-17　直线与圆弧连接

三、椭圆的画法

椭圆是工程中尤其是化学工程中常见的非圆曲线。如果已知椭圆的长短轴，一般有四心圆法和同心圆法两种画法。下面分别介绍这两种画法。

1. 四心圆法（椭圆近似画法）

作图方法如图 1-18 所示。

（1）以 O 为圆心，OA 为半径画圆弧，交 OC 延长线于 E 点；以 C 点为圆心，CE 为半径画圆弧，交 AC 于 F 点。

（2）作 AF 的中垂线，交长、短轴于两点 1、2，并求出 1、2 对圆心 O 的对称点 3、4。

（3）分别以 1、3 和 2、4 为圆心，$1A$ 和 $2C$ 为半径画圆弧，使四段圆弧相切于 K、L、M、N 而构成一近似椭圆。

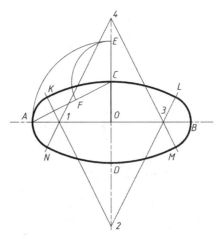

图 1-18　四心圆法画椭圆

2. 同心圆法（椭圆准确画法）

作图方法如图 1-19 所示。

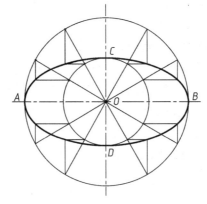

图 1-19　同心圆法画椭圆

（1）分别以长轴 AB、短轴 CD 为直径作两同心圆。

（2）过圆心 O 作一系列放射线，分别与大圆和小圆相交，得若干点。

（3）过大圆上的各交点引竖直线，过小圆上的各交点引水平线，对应同一条放射线的竖直线和水平线分别交于一点，如此可得一系列交点。

（4）连接该系列交点及 A、B、C、D 各点即完成椭圆作图。

第三节　平面图形的画法

平面图形是由许多直线段和曲线段连接而成的，这些线段之间的相对位置和连接方式由给定的尺寸或几何关系来确定。绘制平面图形时首先要对图形线段进行尺寸分析。

一、平面图形的尺寸分析

对平面图形的尺寸分析，可以检查尺寸的完整性，确定各线段及圆弧的作图顺序。尺寸按其在平面图形中所起的作用，可分为定形尺寸和定位尺寸两类。要确定平面图形中线段的上下、左右的相对位置，必须引入尺寸基准的概念。

1. 尺寸基准

标注定位尺寸的起点称为尺寸基准。通常选择图形中的对称中心线、较大圆的中心线或较长的直线边作为尺寸基准。如图 1-20 中，以水平的对称线作为上下方向的基准，较长的竖直线作为左右方向的基准。对于回转体一般以回转轴线作为径向尺寸基准，以重要端面为轴向尺寸基准。

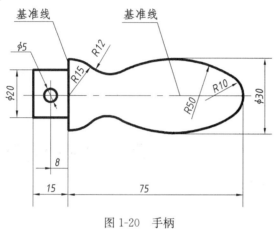

图 1-20　手柄

2. 定形尺寸

确定平面图形中各线段形状和大小的尺寸称为定形尺寸。如图 1-20 中，15、$\phi5$、$R10$ 等都是定形尺寸。

3. 定位尺寸

确定平面图形中各线段间的相对位置的尺寸。如图 1-20 中，8、75、$\phi30$ 都是定位尺寸。

二、平面图形的线段分析

根据其定位尺寸，平面图形中的线段（直线或圆弧）可分为已知线段、中间线段和连接线段三种。

1. 已知线段

具有定形尺寸和 2 个定位尺寸的线段称为已知线段。作图时可以直接画出。如图 1-20 中的 15、$\phi20$、$\phi5$、$R15$、$R10$ 均属已知线段。

2. 中间线段

具有定形尺寸和 1 个定位尺寸的图线称为中间线段。如图 1-20 中的圆弧 $R50$ 就是中间线段，它只有垂直方向的定位尺寸 $\phi30$，水平方向无法定位，只有等 $R10$ 画出后，利用与之相内切的关系才能进行定位。

3. 连接线段

只有定形尺寸而没有定位尺寸的图线称为连接线段。由于没有定位尺寸，所以无法直接给出，只有等其他各类线段画完后，再利用与相邻两线段的相切关系进行定位。如图

1-20 中 R12 就是连接圆弧，它只有等已知线段 R15 和中间线段 R50 画完后，利用与它们相外切的关系才能画出。

三、画图步骤

绘制平面图形时，应先进行尺寸和线段分析，明确各线段的性质，按照已知线段、中间线段、连接线段的顺序依次画出。手柄的作图步骤如图 1-21 所示。

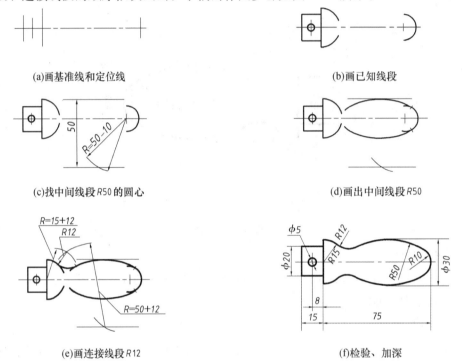

(a)画基准线和定位线　　　　　　　　　　(b)画已知线段

(c)找中间线段 R50 的圆心　　　　　　　　(d)画出中间线段 R50

(e)画连接线段 R12　　　　　　　　　　　(f)检验、加深

图 1-21　手柄的作图步骤

第四节　绘图的方法和步骤

一、仪器绘图

1．准备工作

（1）对平面图形进行尺寸和线段分析，拟定作图顺序；准备好必要的绘图工具和仪器；根据图形大小和复杂程度选取比例，确定图纸幅面；固定图纸。

（2）布置图画：按国标画图幅边框、图框线及标题栏；画各图形的主要基准线（如中心线、对称线、轴线等）；

2．绘制底稿

手工绘图必须先画底稿再描深。应使用 H 或 2H 铅笔轻淡地绘出。其绘制顺序是：

（1）按布图确定各图形的位置，先画轴线或对称中心线，再画主要轮廓线，然后画细节。

（2）如图形是剖视图或断面图时，最后画剖面符号。底稿完成后，经仔细校核，擦去多余的图线。

3．描深底稿

（1）描深图线时，按线型选择不同的铅笔，粗实线用 2B 或 B 铅笔，细实线、虚线、细点画线用 HB 铅笔。

（2）描绘顺序应先粗后细、先曲后直、先横后竖、从上到下、从左到右，最后描倾斜线。

4．完成全图

（1）标注尺寸：用 HB 铅笔标先画出尺寸界线、尺寸线和箭头，再注写尺寸数字和其他文字说明。

（2）填写标题栏：经仔细检查图纸后，填写标题栏中的各项内容，对全图进行校核，完成全部绘图工作。

二、徒手作图

徒手图又称为草图，是依靠目测来估计物体各部分的尺寸比例，按要求徒手绘制的图样。在设计、测绘、外出参观和技术交流时，都需要绘制草图。所以，徒手图是工程技术人员必须掌握的基本技能。

徒手绘制草图的要求：图线清晰、线型分明；目测尺寸尽量准确，比例适当；字体工整、图面整洁。

绘制草图时一般使用中等软度的铅笔（如 HB、B 或者 2B），铅笔削长一些，铅芯呈圆锥形，粗细各一支，分别用于绘制粗、细线。

在绘制草图的各种图线时，手腕要悬空，小指接触纸面，草图纸不固定。为了方便，还可以随时将图纸转动适当角度。为了便于控制图形大小、比例和各图形间的关系，一般可利用方格纸画草图。

1．直线的画法

画直线时，目光应注视线的端点，运笔时手腕要灵活，使笔尖朝着要画线的方向做直线运动。如图 1-22 所示，画水平线应自左至右画出，竖直线自上而下画出，斜线斜度较大时可自左向右下或自右向左下画出。

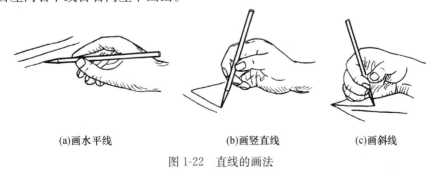

(a)画水平线　　　　　(b)画竖直线　　　　　(c)画斜线

图 1-22　直线的画法

2. 圆及圆弧的画法

画圆时，应先确定圆心的位置，再通过圆心画对称中心线。画小圆时，可在对称中心线上距圆心等于半径处截取 4 点，过这 4 个端点画圆；画大圆时，除对称中心线以外，可加画一对十字线，并同样截取 8 点，然后过这 8 个点画圆，如图 1-23 所示。

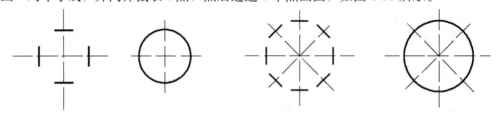

图 1-23　圆的画法

第二章　投影基础

【知识目标】

1. 了解投影与空间几何元素的对应关系。
2. 理解不同位置和不同从属关系的点、直线、平面的投影特性。
3. 掌握正投影法的基本概念，点、直线、平面在三投影面体系中的投影方法。

【能力目标】

1. 能画出简单立体的三视图。
2. 能画出各种位置点、直线、平面的投影。

第一节　投影法

阳光或灯光照射物体时，在地面或墙面上会产生影像，这种投射线（如光线）通过物体，向选定的面（如地面或者墙面）投射，并在该面上得到图形（影像）的方法，称为投影法。根据投影法所得到的图形称为投影图，简称投影，得到投影的面称为投影面。

一、投影法的分类

投影法分为两类：中心投影法和平行投影法。

1. 中心投影法

如图 2-1 所示，自投射中心 S 发出的投射线通过△ABC 在投影面 P 上形成投影△abc，即△ABC 在投影面 P 上的投影。这种投射线汇交一点的投影方法，称为中心投影法，所得投影称为中心投影。

由图 2-1 可知，如改变物体与投射中心的距离，则物体投影的大小将发生改变。由于中心投影法中物体的投影不能准确地反映物体的真实大小，因此在机械图样中较少使用，但用此方法绘制的图样具有较强的立体感，在绘图中经常使用。

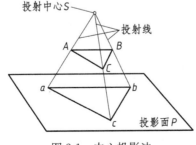

图 2-1　中心投影法

2. 平行投影法

假设将图 2-1 中所示的投射中心 S 移到无穷远处，则所有投射线可看成是相互平行的。投射线相互平行的投影法称为平行投影法，如图 2-2 所示。

根据投射线是否垂直于投影面，平行投影法又分为正投影法和斜投影法。投射线垂直于投影面的平行投影法称为正投影法，所得投影称为正投影，如图 2-2（a）所示。投射线倾斜于投影面的平行投影法称为斜投影法，所得投影称为斜投影，如图 2-2（b）所示。由于正投影法的投射线与投影面保持垂直，即使改变物体与投影面的距离，其投影的形状和大小也不会改变，因此在机械图样中采用正投影法。

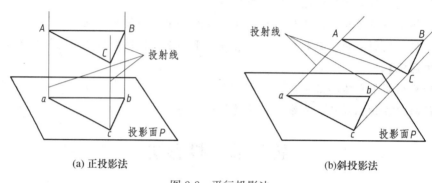

(a) 正投影法   (b)斜投影法

图 2-2   平行投影法

二、正投影的基本性质

1. 真实性

直线（或平面图形）平行于投影面时，其投影反映实长（或实形）的，这种性质称为真实性，如图 2-3（a）所示。

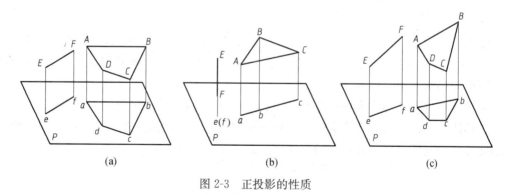

(a)   (b)   (c)

图 2-3   正投影的性质

2. 积聚性

直线（或平面图形）垂直于投影面时，其投影面积聚为一点（或一条直线），这种性质称为积聚性，如图 2-3（b）所示。

3. 类似性

直线（或平面图形）倾斜于投影面时，其投影为比实长短的直线（或类似的多边形），这种性质称为类似性，如图 2-3（c）所示。

三、三视图的形成及其投影规律

1. 三面投影体系

根据有关标准和规定，用正投影法所绘制出的物体的图形，称为视图。

用正投影法绘制物体的视图时，将物体置于观察者与投影面之间，以观察者的视线作投射线，将观察到的形状画在投影面上。把看得见的轮廓用粗实线表示，看不见的轮廓用细虚线表示，图形的对称中心线或者对称平面等中心要素用细点画线表示。

空间物体具有长、宽、高三个方向的形状，而物体相对投影面按如图 2-4 所示的位置放置时，得到的单面正投影只能反映物体两个方向的形状。几个形状不同的物体在同一投影面上得到相同的投影，说明物体的一个投影不能确定其空间形状和大小。因此，必须再从其他方向作投影，几个视图结合起来才能清楚地表达物体的真实形状和大小。通常采用三视图。

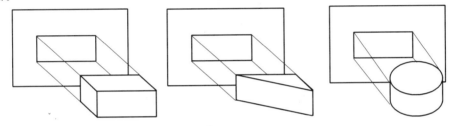

图 2-4　不同物体的相同投影

设立三个互相垂直相交的投影面，构成三投影面体系，如图 2-5 所示，三个投影面分别为：

◆ 正立投影面 V（简称正面）
◆ 水平投影面 H（简称水平面）
◆ 侧立投影面 W（简称侧面）

每两个投影面之间的交线 OX、OY、OZ，称为投影轴，其中，OX 轴简称 X 轴，是正面与水平面的交线，代表长度方向；OY 轴简称 Y 轴，是水平面与侧面的交线，代表宽度方向；OZ 轴简称 Z 轴，是正面与侧面的交线，代表高度方向。三个投影轴相互垂直相交于一点 O，称为原点。

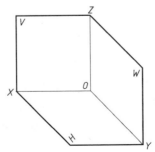

图 2-5　三投影面体系

2. 三视图的形成

形体的一个视图不能完整地反映三维物体的形状，故将物体放置在三投影面体系中的某一固定位置上，如图 2-6 所示，并使物体的主要表面处于平行或垂直于投影面的位置，用正投影法分别向 H、V、W 投影面投射，可得到物体的三个视图，分别称为：

◆ 主视图：由前向后投射，在 V 面上得到的视图。

◆ 俯视图：由上向下投射，在 H 面上得到的视图。

◆ 左视图：由左向右投射，在 W 面上得到的视图。

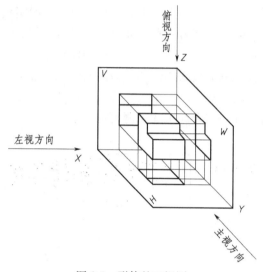

图 2-6　形体的三视图

物体的三个视图在三个投影面上，不便于作图，为此将三个投影面展开在一个平面上。首先移去空间形体，然后展开。展开方法：V 面保持不动，H 面绕 X 轴向下旋转 $90°$，W 面绕 Z 轴向右旋转 $90°$，将 Y 轴分为 Y_H、Y_W 两轴，展开过程如图 2-7 所示。

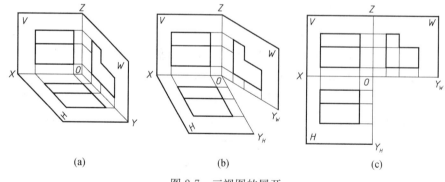

(a)   (b)   (c)

图 2-7　三视图的展开

由图 2-7 可知，任一视图到投影轴的距离反映空间物体到相应投影面的距离，而空间物体在三投影面体系中的方位确定以后，改变它与投影面的距离不影响其视图的形状，故实际绘制三视图时，常采用无轴画法，如图 2-8 所示。视图间的距离应能保证每一视图清晰，并有足够标注尺寸的位置。

3. 三视图的投影规律

（1）位置关系

以主视图为准，俯视图在主视图的正下方，左视图在主视图的正右方。三视图间的这

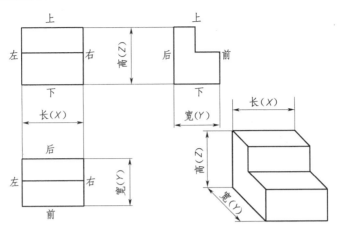

图 2-8　三视图的投影规律

种位置关系是按投影关系配置的，一般不能变动，当三视图按投影关系配置时，不必标注视图的名称。

（2）尺寸关系

物体有长、宽、高三个方向的尺寸，每个视图都反映物体的两个方向的尺寸，如图 2-8 所示，可归纳为以下三条规律：

① 主、俯视图反映物体的长度且对正———长对正。

② 主、左视图反映物体的高度且平齐———高平齐。

③ 俯、左视图反映物体的宽度且等值———宽相等。

"长对正、高平齐、宽相等"又称"三等"规律，是三视图的重要特性。它不仅适用于整个物体的投影，也适用于物体上每个局部结构的投影。画图、读图时要严格遵守。

（3）方位关系

物体有上、下、左、右、前、后六个方位关系，如图 2-8 所示。主视图反映物体的上、下、左、右；俯视图反映物体的左、右、前、后；左视图反映物体的上、下、前、后。

俯、左视图靠近主视图的一边表示物体的后面，远离主视图的一边表示物体的前面。

四、画三视图的方法和步骤

画形体的三视图时，应遵循正投影法的基本原理及三视图间的投影关系，直接采用无轴画法进行作图。作图时要注意，如果不同的图线重合在一起，应按照粗实线、虚线、细实线、细点画线的次序，以前遮后的方式绘制。现以图 2-9（a）所示的弯板为例，说明画三视图的方法和步骤。

1. 分析物体的形状

弯板可以看成由底板和竖板组成。其中，底板的左端中部切去了一个方槽，竖板的上部前后各切去一个角。

2. 确定物体的位置

将弯板放平，使弯板上尽可能多的平面平行或垂直于投影面。

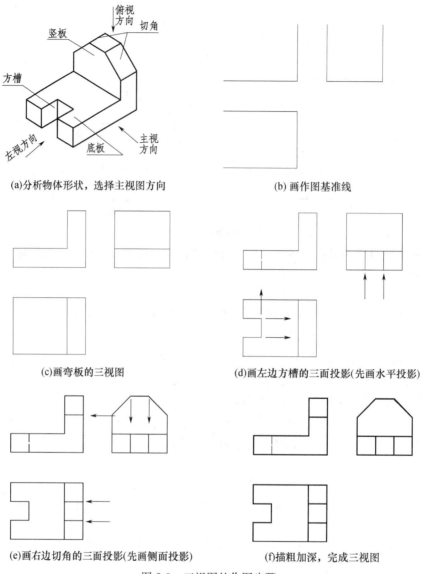

(a)分析物体形状，选择主视图方向　　　　　　(b) 画作图基准线

(c)画弯板的三视图　　　　　　(d)画左边方槽的三面投影(先画水平投影)

(e)画右边切角的三面投影(先画侧面投影)　　　　(f)描粗加深，完成三视图

图 2-9　三视图的作图步骤

3. 选择主视图

主视图应尽量反映物体的主要形体特征，所以选择最能反映弯板形体特征的方向作为主视图的投射方向，并考虑其余两视图简单易画，虚线少。这样左视图与俯视图的方向也就确定了，如图 2-9（a）所示。

4. 作图

从整体到局部按三视图的投影对应规律作图，具体步骤如下：

（1）画作图基准线。一般选择较大孔的中心线，对称图形的对称中心线及大的表面为作图基准，如图 2-9（b）所示。

（2）画三视图。先不考虑弯板上的槽和切角，画出完整的底板和竖板。从主视图开始，按视图间的投影对应关系将三个视图结合起来一起画。画每个部分时，先画出投影具有积聚性的表面，如图 2-9（c）所示。

（3）画方槽的三面投影。由于构成方槽的三个平面的水平投影都具有积聚性，反映方槽的形体特征。因此，可先画出方槽的水平投影，再根据视图间的投影对应关系分别画出其余两视图，如图 2-9（d）所示。

（4）画右边两个切角的三面投影。由于弯板被切角后的平面垂直于侧面，所以应先画出其侧面投影，再按视图间的投影对应关系画出其余两个投影，如图 2-9（e）所示。

（5）检查底稿，擦去多余的线条，将外部轮廓线描深加粗，完成三视图，如图 2-9（f）所示。

【例 2-1】　请画出如图 2-10 所示简单立体的三视图。

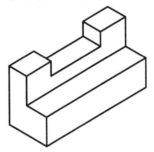

图 2-10　简单立体

分析：该简单立体可以看成由底板和竖板组成。其中，竖板的上中部切去一个长方体。采用如图 2-11（a）所示方向作为主视图方向可以较好地反映物体的形体特征，同时选择形体的左右对称面、底面以及后端面为作图基准。

作图步骤如下：

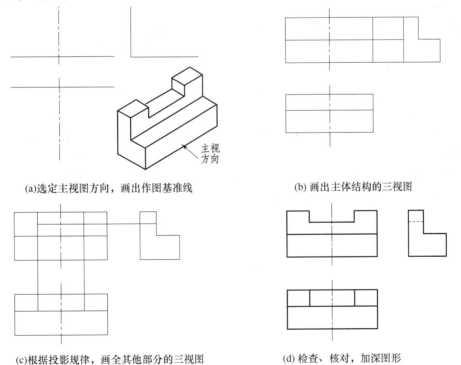

(a)选定主视图方向，画出作图基准线　　　　(b)画出主体结构的三视图

(c)根据投影规律，画全其他部分的三视图　　　　(d)检查、核对，加深图形

图 2-11　简单立体的三视图画法

第二节　几何元素的投影

一、点的投影

1. 点的三面投影

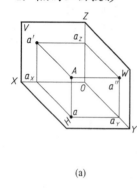 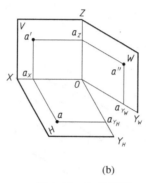 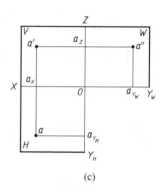

(a) (b) (c)

图 2-12　点的投影

如图 2-12（a）所示，设 A 为三投影面体系中的一点，其三面投影就是由 A 向三个投影面所作垂线的垂足。

A 点在 H 面上的投影称为水平投影，用 a 表示。

A 点在 V 面上的投影称为正面投影，用 a' 表示。

A 点在 W 面上的投影称为侧面投影，用 a'' 等表示。

三面投影展开后得到如图 2-12（c）所示的图形。

实际画投影图时，不必画出投影面的边框，也可省略标注 a_X、a_{Y_H}、a_{Y_W}、a_Z，如图 2-13（a）所示。从图中可以看出，A 点的三个投影之间的投影关系与三视图之间的三等关系是一致的，即：

（1）点 A 的正面投影 a' 和侧面投影 a'' 的连线垂直于 OZ 轴，即 $a'a'' \perp OZ$。

（2）点 A 的水平投影 a 和正面投影 a' 的连线垂直于 OX 轴，即 $aa' \perp OX$。

（3）点 A 的水平投影 a 到 OX 轴的距离等于其侧面投影 a'' 到 OZ 轴的距离，即 $aa_X = a''a_Z$。因此，过 a 的水平线与过 a'' 的垂直线必相交于过原点 O 的 45°斜线上。

画投影图时，为体现 $aa' = a''a_Z$，可由原点 O 出发作一条 45°辅助线，如图 2-13（a）所示。也可利用圆规作图，如图 2-13（b）所示。

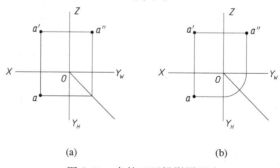

(a) (b)

图 2-13　点的三面投影图画法

2. 点的坐标

三面投影体系相当于三维坐标系，以投影面为坐标面，投影轴为坐标轴，O 为坐标原点，则空间一点 A 到三个投影面的距离即为 A 点的坐标 X、Y、Z，如图 2-14 所示。因此，点的坐标与点到投影面的距离有如下关系：

A 点的 X 坐标＝点到 W 面的距离

A 点的 Y 坐标＝点到 V 面的距离

A 点的 Z 坐标＝点到 H 面的距离

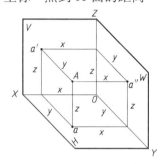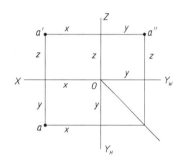

图 2-14　点的坐标

由图 2-14 可知，点的任意一个投影是由空间点的两个坐标确定的，点的任意两个投影可以确定空间点的三个坐标，故根据点的任意两个投影能够确定点的空间位置，即第三投影可求。

3. 两点之间的位置关系

三投影面体系中的两点具有左右（X 轴方向）、前后（Y 轴方向）、上下（Z 轴方向）三个方向的相对位置，可依据两点的坐标关系来判断，如图 2-15 所示。

点的 X 坐标表示左、右位置，X 坐标大者为左，小者为右；

点的 Y 坐标表示前、后位置，Y 坐标大者为前，小者为后；

点的 Z 坐标表示上、下位置，Z 坐标大者为上，小者为下。

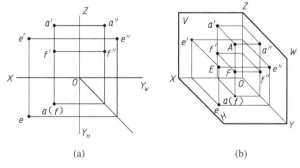

(a)　　　　　　　　(b)

图 2-15　两点的位置关系

在图 2-15（a）中，若以点 E 作为基准，则点 F 在点 E 的右方（$x_E > x_F$）、后方（$y_E > y_F$）、下方（$z_E > z_F$），其相对位置的定值关系可由两点的同名坐标差来确定。如果两点在某一投影面上的投影重合为一点，这两点称为该投影面的一对重影点，重影点的三个坐标中有两个相同，一个不同，这一个不相同的坐标大者为可见的点。如图 2-15 所示，点 A、F 为 H 面的重影点，X、Y 坐标相同，Z 坐标不同，其中点 A 的水平投影挡住了

点 F 的水平投影，表示成 $a(f)$，括号内的投影为不可见。

图 2-15（b）所示为 A、E、F 三点的轴测图。

【例 2-2】 已知空间点 A（15，20，25），作出点 A 的三面投影和轴测图。

分析： 已知空间点的坐标，可在相应的投影轴上截取相应的长度，从而求出点的三面投影。

作图步骤如下：

（1）作投影轴 OX、OY_H、OY_W、OZ 和 45°辅助线，如图 2-16（a）所示。

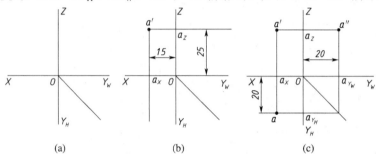

图 2-16　由点的坐标作三面投影

（2）在 X 轴上截取 15，得点 a_X，过点 a_X 作垂线；在 Z 轴上截取 25，得点 a_Z，过点 a_Z 作垂线，两条线的交点为 a'，如图 2-16（b）所示。

（3）在 Y_H、Y_W 轴上截取长度 20，作 Y_H、Y_W 的垂线，分别与 $a'a_X$ 和 $a'a_Z$ 的延长线相交，所得的交点为 a、a''，如图 2-16（c）所示。

轴测图的作图步骤：

（1）作出投影轴的轴测图，OY 与 OX、OZ 夹角均为 135°，投影面的边框与相应的投影轴平行，如图 2-17（a）所示。

（2）沿 X 轴的正向量取 15 得 a_X，沿 Y 轴的正向量取 20 得 a_Y，沿 Z 轴正向量取 25 得 a_Z，如图 2-17（b）所示。

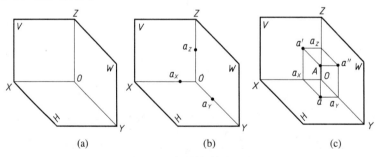

图 2-17　点的轴测图画法

（3）自点 a_X、a_Y、a_Z 作相应轴的平行线，交点即为相应投影面的投影。过 a_X 作 Z 轴平行线与过 a_Z 作 X 轴平行线的交点即为 A 点的正面投影 a'，过 a_X 作 Y 轴平行线与过 a_Y 作 X 轴平行线的交点即为 A 点的水平投影 a，过 a_Y 作 Z 轴平行线与过 a_Z 作 Y 轴平行线的交点即为 A 点的侧面投影 a''。自 a、a'、a'' 分别作 Z、Y、X 轴的平行线，交点即为空间点 A，如图 2-17（c）所示。

【例 2-3】 已知空间点 B（25，30，10），如图 2-18 所示，有一点 C 在点 B 的上方

20，左方 10，后方 10，写出点 C 的坐标并作出其三面投影。

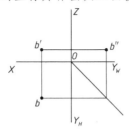

2-18　两点的位置图

分析： 点 C 在点 B 的上方、左方、后方，说明点 C 的 X、Y、Z 坐标分别大于、小于、大于点 B 的坐标。

作图步骤如下：

(1) 点 C 在点 B 的上方，$Z_C=Z_B+20=10+20=30$。

(2) 点 C 在点 B 的左方，$X_C=X_B+10=25+10=35$。

(3) 点 C 在点 B 的后方，$Y_C=Y_B-10=30-10=20$，则点 C 的坐标为(35,20,30)。

(4) 作出点 C 的三面投影，如图 2-19 所示。

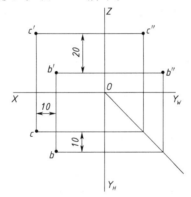

图 2-19　两点的相对位置

二、直线的投影

1. 直线的三面投影

我们所研究的直线一般指有限长度的直线段。依据直线的正投影特性，其投影一般仍为直线，特殊情况下为一个点。依据两点可确定一直线，求直线的投影即可转化为求直线两端点的投影，即求直线两端点同名投影的连线，如图 2-20（a）所示，同名投影又称为同面投影，指几何元素在同一投影面上的投影。

若已知空间直线 AB 两端点的坐标，则可作出点 A 和点 B 的三面投影。如图 2-20（b）所示，同面投影相连，ab、$a'b'$、$a''b''$ 即为 AB 直线的三面投影。依据点的投影规律可以推论：已知直线的任意两个投影，可以确定唯一一条空间直线，从而可求得其第三投影。图 2-20（c）所示为 AB 的轴测图，作图时，先分别作出直线两端点 A、B 的轴测图，将空间点及其同名投影分别连线即可。

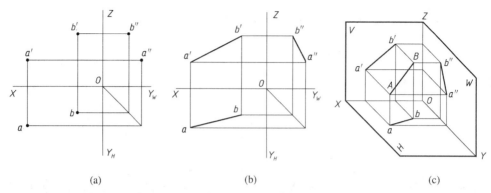

(a)　　　　　　　　　　　(b)　　　　　　　　　　　(c)

图 2-20　直线的三面投影和轴测图

2. 各种位置直线的投影特性

直线按其与投影面的相对位置，可分为一般位置直线、投影面平行线和投影面垂直线三种，后两种均称为特殊位置直线。

（1）一般位置直线

与三个投影面都倾斜的直线称为一般位置直线。图 2-20（c）中的直线 AB 即为一般位置直线，对 H、V、W 面都倾斜，其两个端点到任意投影面的距离都不相等，即两端点的任意同名投影坐标都不相等。一般位置直线的投影特性是：在三个投影面上的投影都倾斜于投影轴，且小于实长，如图 2-20（b）所示。

（2）投影面平行线

平行于一个投影面而与另外两个投影面都倾斜的直线为投影面平行线。投影面平行线包括平行于 V 面、H 面、W 面三种情况，分别称为正平线、水平线和侧平线。表 2-1 列出了三种投影面平行线的图例和投影特性。

表 2-1　投影面平行线的投影特性

名称	立体图	三面投影图	形体边界线举例
正平线		$a'b'=AB$ $ab // OX$ $a''b'' // OZ$	主视图投射方向
水平线		$ab=AB$ $a'b' // OX$ $a''b'' // OY_W$	主视图投射方向

名称	立体图	三面投影图	形体边界线举例
侧平线		$a''b''=AB$ $a'b'//OZ$ $ab//OY_H$	主视图投射方向

由此得出投影面平行线的投影特性：

① 在直线所平行的投影面上，其投影反映实长并倾斜于投影轴。

② 在另外两个投影面上的投影分别平行于相应的投影轴，且小于实长。

（3）投影面垂直线

垂直于一个投影面的直线称为投影面垂直线，它必平行于另两个投影面。投影面垂直线包括垂直于 V 面、H 面、W 面三种情况，分别称为正垂线、铅垂线和侧垂线。表 2-2 列出了三种投影面垂直线的图例和投影特性。

表 2-2　投影面垂直线的投影特性

名称	直线与投影面的相对位置	直线的投影特性	实　例
正垂线		$a'b'$ 积聚为一点 $ab \perp OX$ $a''b'' \perp OZ$ $ab=a''b''=AB$	主视图投射方向
铅垂线		ab 积聚为一点 $a'b' \perp OX$ $a''b'' \perp OY_W$ $a'b'=a''b''=AB$	主视图投射方向
侧垂线		$a''b''$ 积聚为一点 $a'b' \perp OZ$ $ab \perp OY_H$ $a'b'=ab=AB$	主视图投射方向

由此，得出投影面垂直线的投影特性：

① 在直线所垂直的投影面上，其投影积聚为一点。

② 在另外两个投影面上的投影分别垂直于相应的投影轴，且反映实长。

【例 2-4】 参照立体图 2-21（a），分析正三棱锥上各条棱线的空间位置。

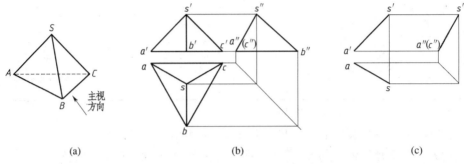

图 2-21　物体上直线的投影分析

解法如下：

（1）按照正三棱锥上每条棱线所标的字母，将它们的投影从视图中分离出来。例如，棱线 SA 分离以后的投影如图 2-21（c）所示。

（2）根据不同位置直线的投影图特征，如图 2-21（b）所示，判别各条棱线的空间位置是：SA 为一般位置直线；SB 为侧平线；SC 为一般位置直线；AB 为水平线；BC 为水平线；AC 为侧垂线。

3. 直线上点的投影

直线上的点，其投影必位于直线的同名投影上，并符合点的投影规律，且分线段成比例。

如图 2-22 所示，C 为直线 AB 上的点，则 c、c'、c'' 的投影分别在 ab、$a'b'$、$a''b''$ 的投影上，且 $AC/CB=ac/cb=a'c'/c'b'=a''c''/c''b''$。若点的三面投影都落在直线的同名投影上，且其三面投影符合一点的投影规律，则该点必在直线上。

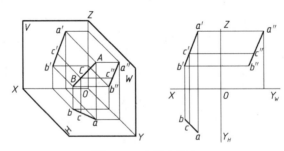

图 2-22　直线上的点

【例 2-5】 已知直线段 AB 及点 C 的两面投影，如图 2-23 所示。试判断点 C 是否在直线 AB 上。

分析： 从图形看，虽然点 c' 在 $a'b'$ 上，点 c 在 ab 上，但是由目测显然可见 $a'c'：c'b' \neq ac：cb$，故点 C 不在直线 AB 上。该结论若必须用作图法判断，有两种方法，如图 2-24（a）和 2-24（b）所示。

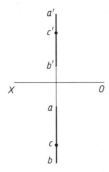

图 2-23　判断点是否在直线上

作图步骤如下：

方法一：用相似三角形法，由 $a'c'$: $c'b' \neq ac$: cb，判得点 C 不在直线 AB 上。

方法二：画出 W 投影面的投影，由 c'' 不在 $a''b''$ 上，判得点 C 不在直线 AB 上。

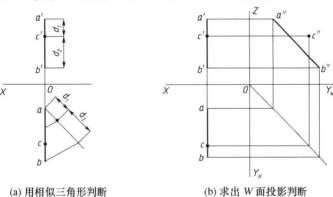

(a) 用相似三角形判断　　　　(b) 求出 W 面投影判断

图 2-24　判断点 C 是否在直线 AB 上

三、平面的投影

1. 平面的三面投影

平面图形的三面投影，由围成该平面的各条边线（直线和曲线）的同名投影组成。对平面多边形而言，由于其各条边线均为直线，故平面多边形的投影实质上是其各顶点的同名投影的连线，如图 2-25（a）、（b）所示为△SBC 的三面投影图。

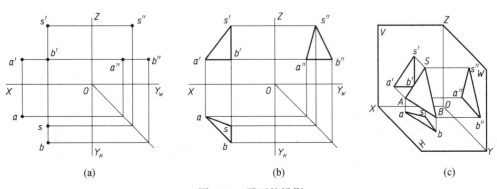

(a)　　　　　　　　　(b)　　　　　　　　　(c)

图 2-25　平面的投影

作平面多边形的轴测图时，可先作出各顶点的轴测图，再将空间点及其同名投影依次分别连线即可。如图 2-25（c）所示为△SBC 的轴测图。

2. 各种位置平面的投影特性

平面按其与投影面的相对位置，可分为一般位置平面、投影面平行面和投影面垂直面三种，后两种均称为特殊位置平面。

（1）一般位置平面

与三个投影面都倾斜的平面，称为一般位置平面，如图 2-25 所示。分析该三面投影图，可得出一般位置平面的投影特性：三个投影均为类似形，不反映实形。

（2）投影面平行面

平行于一个投影面而垂直于另两个投影面的平面，称为投影面平行面。投影面平行面分为正平面、水平面、侧平面，分别与 V、H、W 面平行。表 2-3 列出了三种投影面平行面的图例和投影特性。

表 2-3 投影面平行面的投影特性

名称	立体图	三面投影图	形体边界面距离
正平面	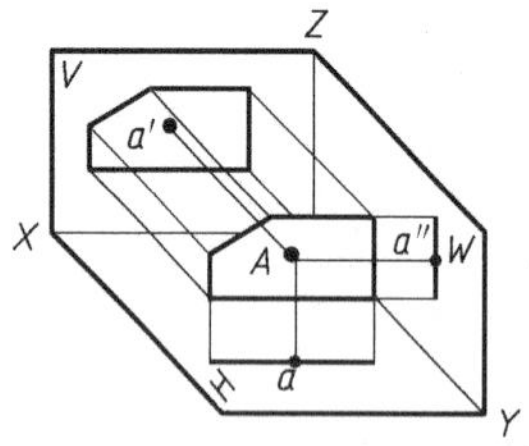	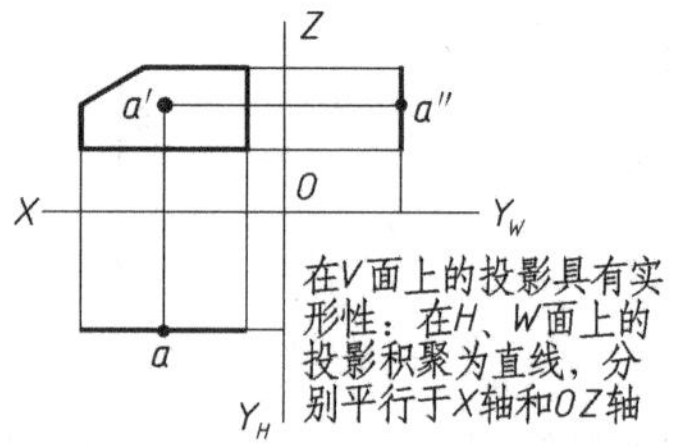 在V面上的投影具有实形性；在H、W面上的投影积聚为直线，分别平行于X轴和OZ轴	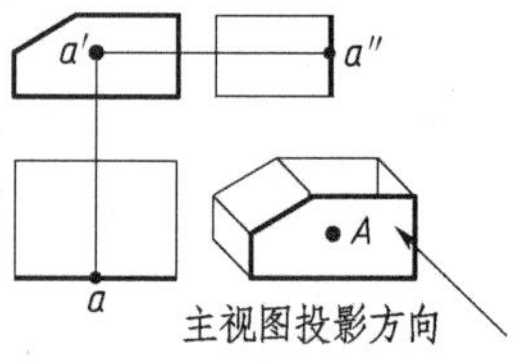 主视图投影方向
水平面	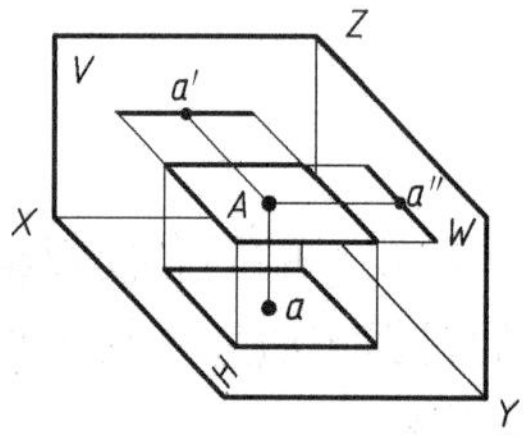	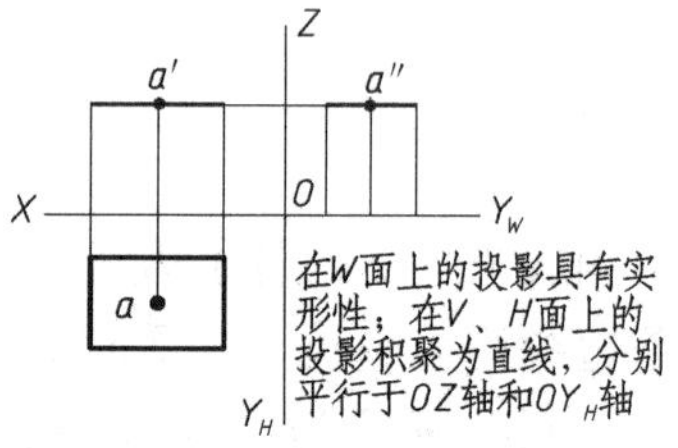 在W面上的投影具有实形性；在V、H面上的投影积聚为直线，分别平行于OZ轴和OY_H轴	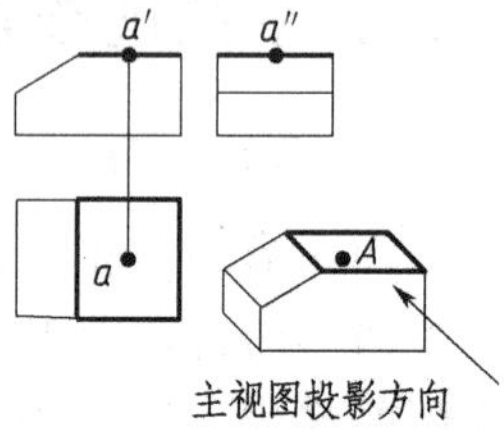 主视图投影方向
侧平面	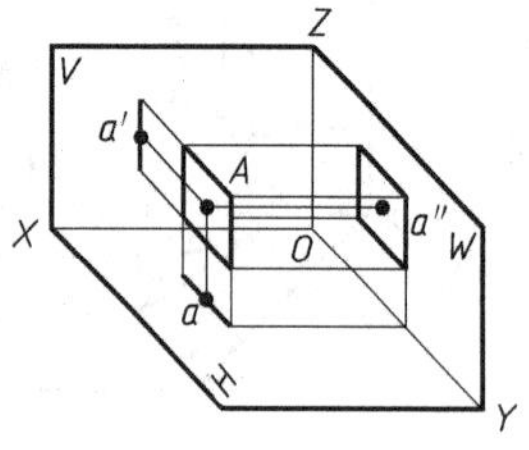	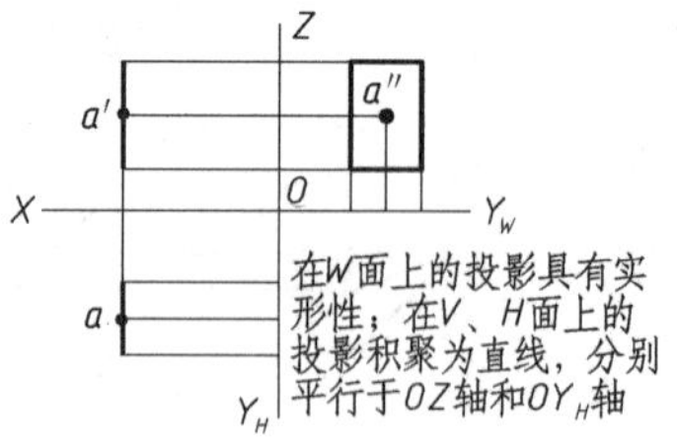 在W面上的投影具有实形性；在V、H面上的投影积聚为直线，分别平行于OZ轴和OY_H轴	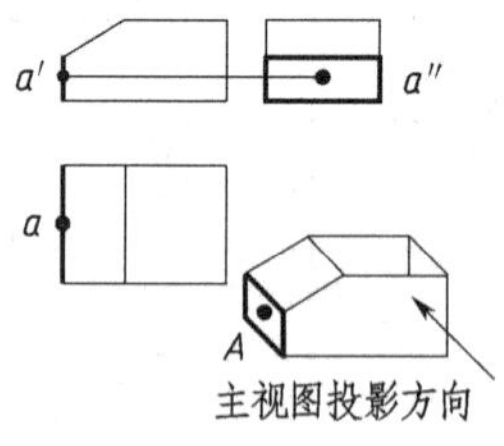 主视图投影方向

由此得出投影面平行面的投影特性：

① 在平面所平行的投影面上，其投影反映实形。

② 在另外两个投影面上的投影均积聚为直线，且分别平行于相应的投影轴。

（3）投影面垂直面

垂直于一个投影面而倾斜于另两个投影面的平面，称为投影面垂直面。投影面垂直面包含垂直于 V 面、H 面和 W 面三种情况，分别称为正垂面、铅垂面和侧垂面。表 2-4 列出了三种投影面垂直面的图例和投影特性。

由此得出投影面垂直面的投影特性：

① 在平面所垂直的投影面上，其投影积聚为一倾斜直线，它与投影轴的夹角分别反映平面对另外两个投影面的真实倾角。

② 在另外两个投影面上的投影均为缩小的类似形。

表 2-4　投影面垂直面的投影特性

名称	立体图	三面投影图	形体边界线距离
正垂面	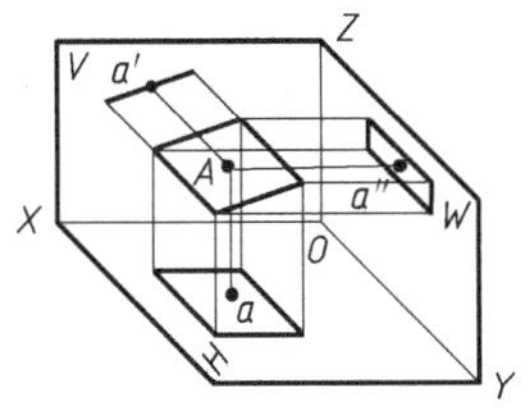	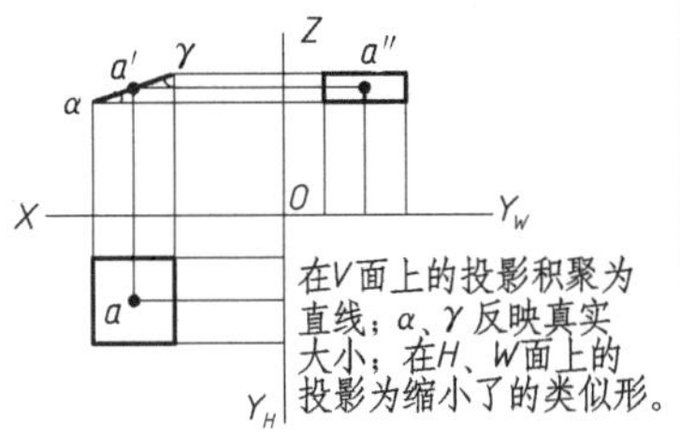 在 V 面上的投影积聚为直线；α、γ 反映真实大小；在 H、W 面上的投影为缩小了的类似形。	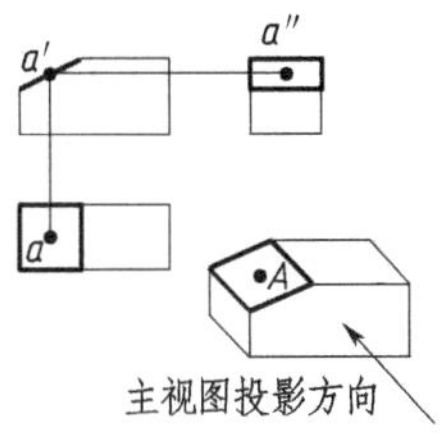 主视图投影方向
铅垂面	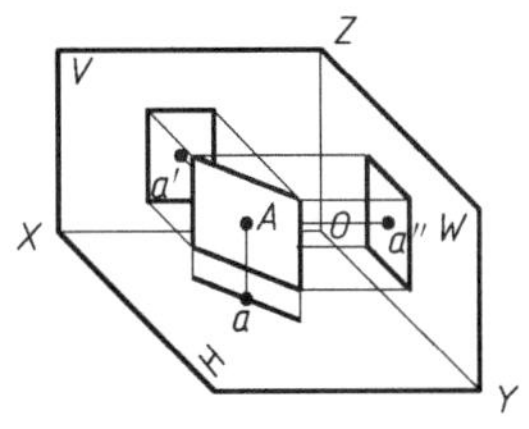	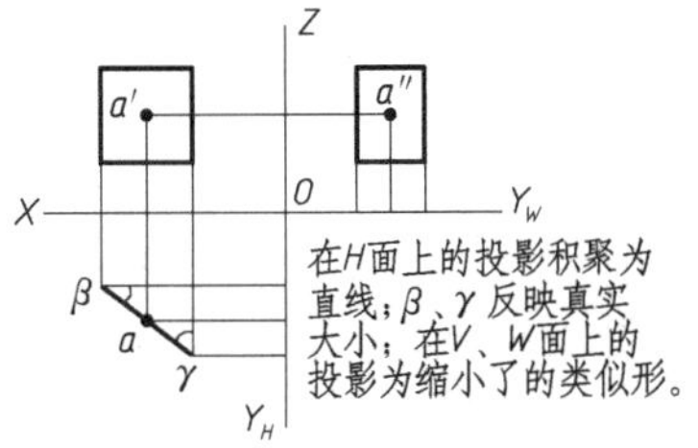 在 H 面上的投影积聚为直线；β、γ 反映真实大小；在 V、W 面上的投影为缩小了的类似形。	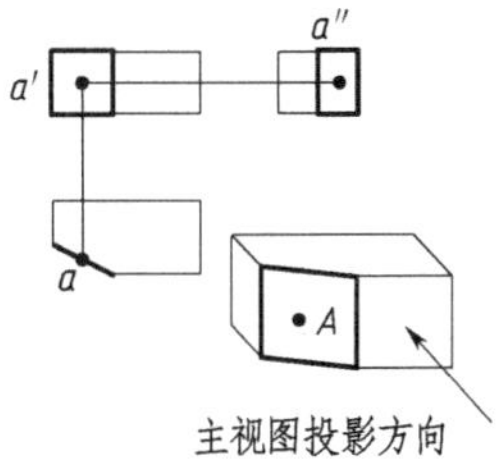 主视图投影方向
侧垂面	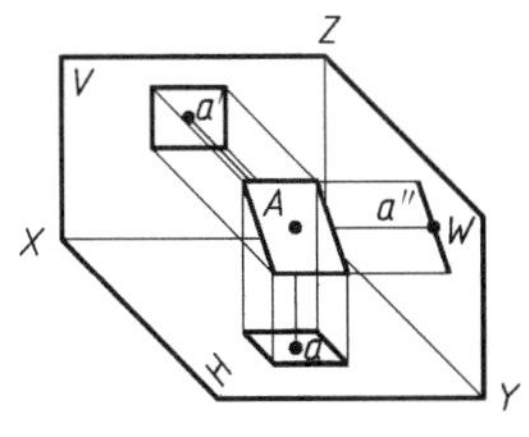	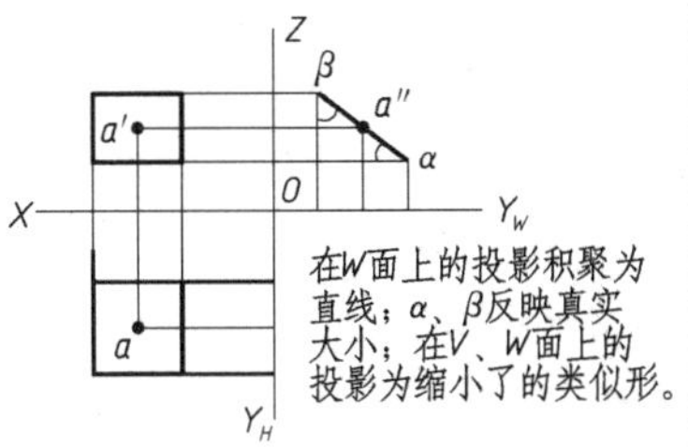 在 W 面上的投影积聚为直线；α、β 反映真实大小；在 V、W 面上的投影为缩小了的类似形。	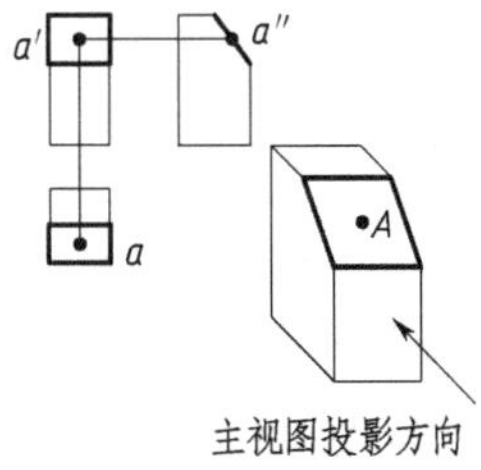 主视图投影方向

【例 2-6】　参照立体图 2-26（a），分析正三棱锥上各平面的空间位置。

解法如下：

（1）按照正三棱锥上每个平面所标的字母，将它们的投影从视图中分离出来。例如，$\triangle SAC$ 分离出来以后的投影如图 2-26（c）所示。

（2）根据不同位置平面投影图的特征，如图 2-26（b）所示，判别三棱锥上各平面的

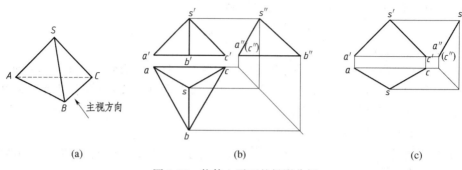

图 2-26　物体上平面的投影分析

空间位置是：△SAC 为侧垂面；△SBC 为一般位置平面；△SAB 为一般位置平面；△ABC 为水平面。

3. 平面上的直线和点

（1）平面上的直线

直线在平面上的几何条件：直线通过属于平面上的两点，或直线通过属于平面上的一点且平行于平面上的一直线，则直线在平面上。

【例 2-7】　如图 2-27（a）所示，已知平面 ABC，试作出平面上的一条正平线。

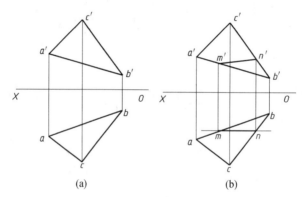

图 2-27　平面上的特殊直线

分析： 所求的直线既是平面上的直线，也是正平线，正面投影反映实长，水平投影平行于 X 轴，在平面上的正平线有多条，在水平投影上作一条平行于 X 轴的直线，交直线于 M、N 两点，根据 M、N 点属于平面 ABC 作出主视图投影。

作图步骤如下：

① 作一条平行于 X 轴的直线，与平面 ABC 交于 m、n 两点；

② M、N 两点为平面 ABC 上的点，根据点在直线上，作 M、N 的 V 面投影 m′、n′；

③ 连接 m、n 和 m′、n′ 即得所求投影，如图 2-27（b）所示。

（2）平面上的点

判定点在平面上的几何条件：若点在平面内的任一直线上，则该点必在该平面上。根据上述几何条件，要在平面上取点，一般先在平面上过该点作一辅助直线，然后在直线的投影上求得点的同名投影，这种作图方法称为辅助直线法。

若在特殊位置平面上取直线或点，应充分利用平面投影的积聚性进行作图。

【例 2-8】　已知△ABC 平面上一点 M 的水平投影 m，求作 m′，如图 2-28 所示。

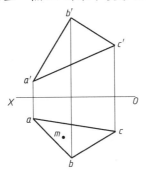

图 2-28　求平面上点的投影

分析：由于△ABC 的两面投影均为类似形，应采用辅助线法作图，为简便起见，可使辅助线过△ABC 的一个顶点或平行于某条边线，当然，各种辅助线的作图结果是相同的。

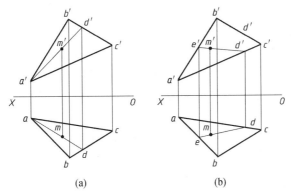

(a)　　　　　　　　(b)

图 2-29　平面上的点

作图步骤如下：

方法一：如图 2-29（a）所示。

（1）连接 am 并且延长，交 bc 于点 d，根据"长对正"在 b′c′上求得点 d′。

（2）连接 a′d′，自点 m 作 OX 轴的垂线，交 a′d′于点 m′，则点 m′即为所求。

方法二：如图 2-29（b）所示。

（1）过点 m 作直线 ed，ED 属于平面 ABC；

（2）根据点属于直线，作出直线 ED 的正面投影 e′d′，由点 m 在直线 ED 上，作出点 m′。

第三章 基本体及其表面交线

【知识目标】

1. 了解基本立体的投影规律。
2. 理解基本立体表面上点、线、面的关系。
3. 掌握基本立体及其简单截切后的投影图的绘制基本方法。

【能力目标】

1. 能正确绘制各基本体的三视图。
2. 能在基本体表面上找点、线，并在其三视图中绘出。
3. 能绘制简单截切后的基本体的三视图。

前面学习了点、线、面的投影知识和视图的基本知识，本章研究体的投影。一个基本体或其截断体（基本体被截切后剩余部分）可拆出几个面或几条特殊线或几个特殊点，其投影最终归结为求点、线、面的投影。任何复杂形状的物体无非是由若干简单基本体机械的组装或截切而成的。一般基本体按其构成的表面可以分为平面立体和曲面立体。

第一节 平面立体

平面立体指完全由平面围成的立体，平面立体的各个表面均为平面多边形，多边形的边（棱线）即为各表面的交线。因此，绘制平面立体的投影可归结为求各棱线或各棱线交点的投影。

一、棱柱及其表面点的投影

1. 棱柱的三视图

读图 3-1（a），试作出其三视图。

（1）分析

图 3-1（a）为一个正六棱柱。它由六个侧面和一个顶面、一个底面组成。将其顶面、底面放置为水平面，前后侧面放置为正平面。此时，顶面、底面的水平投影反映实形且两面重影，其正面、侧面投影积聚为直线段；其余侧面均垂直于水平面且水平投影都积聚为直线段，其中前后侧面为正平面，正面投影反映实形，剩下四个侧面均为铅垂面。六条侧棱为铅垂线。

（2）作图步骤

如图 3-1（b）所示为正六棱柱的三视图，其作图步骤如下：

① 作三视图的中心线。

② 作最能反映形状、特征的图形，即水平投影正六边形。

③ 作顶面、底面在 V 面、W 面的投影，分别积聚为两条直线段，上下直线段确定棱

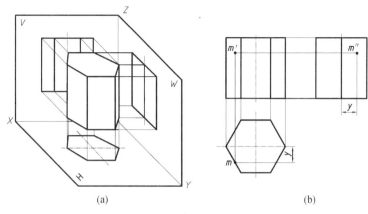

图 3-1 正六棱柱的三面投影

柱的高。

④ 利用俯视图最左、最右的积聚点，根据"长对正"画辅助线，确定主视图的长；然后利用俯视图最前、最后的积聚线，根据"宽相等"确定左视图的宽。

⑤ 对应各棱线在俯视图的积聚点，利用"三等"规律画主视图中间两棱线及左视图中间一条棱线。

⑥ 加粗各视图中可见的棱线投影。

由图 3-1（b）可看出正六棱柱的投影特征。当棱柱底面平行于某一个投影面时，棱柱在该面上投影的外轮廓为与底面全等的多边形，其余两个投影则由数个矩形线框组成。

2．棱柱表面上的点

由于棱柱的各个表面均为平面，则求取棱柱表面上点的投影可转化为在其所属平面上找点。只要正确分析点所在平面，根据点与平面的从属关系和点的投影关系、可见性可方便求出点的三面投影。

如图 3-1（b）所示，若点 m' 在主视图上下之间，则可判断点的大致位置在棱柱的侧面，然后利用"长对正"画辅助线与俯视图中棱柱左前、左后侧面的积聚线相交各有一个交点，再据可见性选择投影 m。若 m' 不打括号则表示可见，选靠前的点投影；反之选靠后的点投影。最后利用"三等"规律求 m''。

若点位于棱线上，位于顶面、底面上，则更简单，读者可根据积聚性进行分析。

二、棱锥及其表面点的投影

1．棱锥的三视图

读图 3-2（a），试作出其三视图。

（1）分析

棱锥由一个多边形底面和具有一个共同顶点的若干个三角形侧面组成。图 3-2（a）所示为正三棱锥。如图摆放，△ABC 为水平面，△SAB 为侧垂面，其余侧面为一般位置面；其中 AB 为侧垂线，AC、BC 为水平线。

（2）作图分析

图 3-2（b）所示为正三棱锥的三视图，作图步骤如下：

① 作三视图的中心线。

② 作最能反映形状、特征的图形，即水平投影正三角形，使三角形一边平行于 OX 轴。同时画辅助线作三角形各边中垂线，相交的交点即为三棱锥顶点在俯视图的投影 S，并通过 S 连接三角形各顶点得三棱锥棱线。

③ 作底面在 V 面、W 面的投影，分别积聚为一条直线段，同时作 S 的两面投影。

④ 通过顶点 S 连接两直线段的两端点，分别得到主视图和左视图最外轮廓形状，其中主视图还需要利用"三等规律"过 S' 画中间的一条棱线投影。另外需要强调的是△SAB 在左视图中积聚为一条直线段，且三棱锥左侧面与右侧面在左视图投影重合。

⑤ 加粗各视图中看得见的棱线投影。

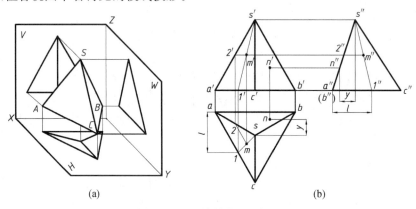

图 3-2　正三棱锥的三面投影

2. 棱锥表面上的点

求棱锥表面上的点与求棱柱表面上的点一样，都是在已知平面上找点，不过，棱锥侧面的水平投影不再像棱柱侧面的水平投影那样具有积聚性，也就是作图过程不再是利用"三等规律"画辅助线只出现两个交点，然后据可见性选择一点，即"二选一"这样简单，而是在一条线段即无数个点中找一个点。此时必须借助另两种较万能的方法——辅助直线法或辅助面法。辅助直线法即利用点在线上，则点的投影位于线的同名投影上，一般习惯经过顶点作辅助直线。辅助面法一般过已知点作平行底面的相似图形。

如图 3-2（b）所示，已知 M 的正面投影 m'，求其余两面投影。

方法一：辅助直线法　首先据可见性判 M 位于左前侧面△SAC 内。在主视图中过 m' 连接 S' 交 $a'c'$ 线段于 $1'$，然后过 $1'$ 根据"长对正"画辅助线交 ac 线于点 1，连 $s1$，即为 $S'1'$ 在俯视图上的投影。再过 m' 根据"长对正"画辅助线交 $s1$ 于点 m。同理利用"三等规律"或辅助直线法求 m''。

方法二：辅助面法　过 M 作平行底面的平面交三棱锥侧面，形成与底面相似的三角形。此三角形主视图积聚为一条与底面积聚线平行且过 m' 的直线，俯视图中三角形的三条边分别与底边对应的三条边平行。过 m' 的积聚线交左边棱线 $S'a'$ 为 $2'$，然后过 $2'$ 利用"长对正"画辅助线交 Sa 于点 2，过点 2 作底边对应边的平行线，交过 m' 根据"长对正"画的辅助线于点 m。最后利用"三等规律"求 m''。

【例 3-1】　完成图 3-3 平面立体表面上点 b 的正面投影。

分析：点 b 可见，说明空间点 B 位于物体的上表面，而上表面的侧面投影积聚为一直线，根据点的从属性，点 B 的侧面投影必在此直线上，据此，我们先作物体及其表面点 B 的侧面投影 b''，再根据"长对正、高平齐"找到 b'。

作图步骤如下：

（1）作物体的侧面投影。

（2）根据"宽相等"作出点 b''。

（3）根据"长对正、高平齐"作出点 b'。

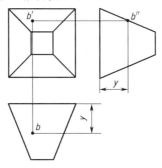

图 3-3　平面立体表面点的投影

第二节　回转体

包含有曲面的形体称为曲面立体，回转体是曲面立体中最基本、最常见的立体。回转体是由回转面加平面围成或完全由回转面围成。回转面由一条母线（直线或曲线）回转而成，母线上任一点的运动轨迹为圆，任意位置的母线为回转面的素线。工程上常见的回转体有圆柱、圆锥、圆球。其中圆柱侧面与棱柱侧面一样具有积聚性，可把圆柱看成棱柱侧面趋近于无数个时的极限形状，则两者作图方法可等效；同理，圆锥与棱锥可比较分析作图。

一、圆柱及其表面点的投影

1. 圆柱的三视图

（1）分析

圆柱是由圆柱面及两个圆形端面形成的。圆柱面可看成由一条直线（母线）绕与它平行的轴线旋转而成。如图 3-4（a）所示位置放置，圆柱面的水平投影具有积聚性，且上、下端面为水平面，所以俯视图为圆，反映上、下端面的实形。圆柱上所有的素线都为铅垂线，虽然没有棱线，但有最前、最后、最左、最右四条转向轮廓线，其中以最前、最后转向轮廓线为界，可把圆柱分为左、右两半；以最左、最右转向轮廓线为界，可把圆柱分为前、后两半。

（2）作图步骤

图 3-4（b）所示为圆柱的三视图，作图步骤如下：

① 作三视图的中心线。

② 作最能反映形状、特征的图形，即水平投影圆。

③ 作上、下底面在 V 面、W 面的投影，分别积聚为一条直线段，上、下两线段确定圆柱的高。

④ 利用俯视图中最左、最右转向轮廓线的积聚点，通过"长对正"画辅助线确定主视图的长；利用俯视图中最前、最后转向轮廓线的积聚点，通过"宽相等"画辅助线确定左视图的宽。

⑤ 加粗所要线条，最终主视图、左视图都为长方形线框。

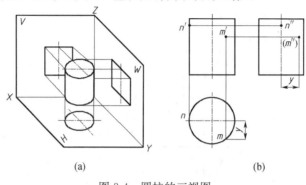

图 3-4 圆柱的三视图

2. 圆柱表面上的点

若点位于转向轮廓线上，则可利用以上对转向轮廓线的认识快速找到其投影，如图 3-4（b）中点 n'。若位于、上下端面之间的一般位置处，如图 3-4（b）中点 m'，先按"长对正"画辅助线，与圆柱侧面在俯视图的积聚线有两个交点，再利用可见性选择其中一点。读者可把以上作图方法与棱柱表面求点的方法对比，可发现作图过程有很大的相似之处，其本质原因即圆柱是棱柱边数趋近于无穷多时的极限形状。

二、圆锥及其表面点的投影

1. 圆锥的三视图

（1）分析

圆锥是由圆锥面和底面（圆形平面）组成的。圆锥面可看成一条直线（母线）绕与它相交的轴线旋转而成。圆锥面上，连接顶点和底圆圆周上任一点的直线即为圆锥面的素线。如图 3-5（a）所示，素线与底面均倾斜相同的角度，因而圆锥面在三个投影面上都不会积聚。

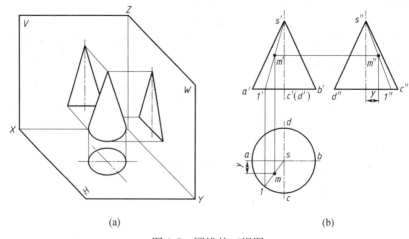

图 3-5 圆锥的三视图

底圆所在平面为水平面，在主视图和左视图积聚成直线段，在俯视图反映实形。

（2）作图步骤

图 3-5（b）所示为圆锥的三视图，作图步骤如下：

① 作三视图的中心线。

② 作最能反映形状、特征的图形，即水平投影圆。

③ 作底面在 V 面、W 面的投影，分别积聚为一条直线段。

④ 俯视图中投影圆的圆心即为顶点 s 的投影。根据"长对正"画辅助线，再根据圆锥的高可确定 s'，再据"高平齐，宽相等"可找到 s''。各顶点投影分别与直线段端点连线即得到主、左视图的三角形轮廓。〔注：读者可以发现图 3-5（b）中 $s'a'$、$s'b'$ 分别为圆锥最左、最右转向轮廓线投影；$s''c''$、$s''d''$ 分别为圆锥最前、最后转向轮廓线投影。〕

2. 圆锥表面上的点

若点位于四条转向轮廓线的投影上，可根据其特殊位置快速找到，如图 3-6 中点 k' 的

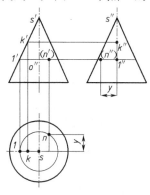

图 3-6　辅助面法

其他两面投影。若在一般位置处，因圆锥侧面不具有积聚性，则启用辅助直线法和辅助面法。辅助直线法：如图 3-5（b）中点 m' 的两面投影，可类比棱锥的作图方法，在此不再讲解。辅助面法：如图 3-6 所示，过 N 作平行底面圆的辅助平面，则此辅助平面与底面圆在俯视图中的投影为同心圆。此辅助平面在主视图中交中心轴线于 o'，同时交最左转向轮廓线于 $1'$，$o'1'$ 线段长即为 (n') 所在圆的半径。以此为半径在俯视图中画底面圆投影的同心圆，此圆与 (n') 根据"长对正"所画辅助线相交两点，因其为不可见点，故选靠后一点 n。最后根据"三等"规律找 (n'')。

【例 3-2】　完成图 3-7 中表面点 b 的正面投影。

分析：此图为圆锥被平行底面的平面截切所得到，可以利用辅助平面法求解。

作图步骤如下：

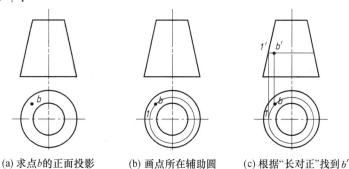

(a) 求点 b 的正面投影　　(b) 画点所在辅助圆　　(c) 根据"长对正"找到 b'

图 3-7　曲面立体表面点的投影作图过程

三、圆球及其表面点的投影

1. 圆球的三视图

（1）分析

圆球是圆球面所围成的立体。圆球面可看成以一圆为母线且绕其直径旋转而成的。球

体对称，所以它三个视图的投影都为圆。

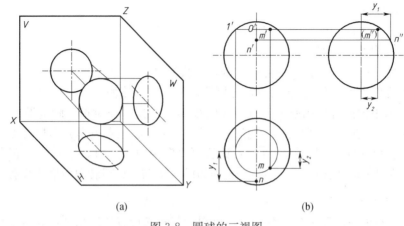

图 3-8　圆球的三视图

（2）作图步骤

图 3-8（a）所示为圆球的三视图，作图步骤如下：

① 作三视图的中心线。

② 作 H 面投影圆，即上下半球分界圆的投影。

③ 作 V 面投影圆，即前后半球分界圆的投影。

④ 作 W 面投影圆，即左右半球分界圆的投影。

2. 圆球表面上的点

圆球的投影在三个投影面上都不具有积聚性，又因为圆球表面没有一条直线，所以只能用辅助面法，不能用辅助直线法。

若点的投影位于中心线或圆弧上，则表明点位于分界圆上，则可利用各分界圆的三面投影快速找到点的其他投影，如图 3-8（b）中点 N 的投影。

若点位于其他位置，采用辅助面法，如图 3-8（b）所示，已知 m'，求其他两面投影。

辅助面法：圆球具有很好的性质，无论平行哪一个分界圆作辅助平面，都会在相应视图得到同心圆。关键在于寻找所画圆的半径。如图 3-8（b）所示，过 m' 作上下分界圆所在位置处中心线的辅助平面，交前后分界圆投影于 $1'$，交左右分界圆所在位置处中心线于 o'，$o'1'$ 线段长即为过 m' 所在辅助圆的半径，以此为半径在俯视图中画同心圆。然后过 m' 利用"长对正"画辅助线交同心圆于两点，据可见性选前一点，最后据"三等"规律找出 m''。

第三节　截交线

较复杂的带缺口的立体，无非是在基本体的基础上被单个或多个截平面截切后形成的立体，如图 3-9 所示。切割立体的平面为截平面，立体被截平面截切后的剩余部分称为截断体，截平面与立体表面的交线为截交线。

截交线具有以下性质：

（1）封闭性：截交线为一个封闭的平面图形，其三视图投影不是封闭的线框，就是积聚的线段。读者可利用此性质自行判断所画截交线三视图的正误。

（2）共有性：截交线既属于截平面又属于立体表面，是它们的共有线段。

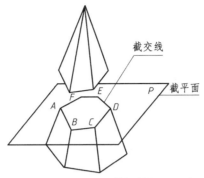

图 3-9 平面截切棱锥

根据线由点组成，则求截交线的本质问题还是归结为求立体表面上点的投影，最后把各点投影按相关顺序依次连线而成。

一、平面立体的截交线

平面立体的截交线必为平面多边形，其边数等于被截切表面的数量，多边形的顶点位于被截切的棱线上。

1. 棱柱被截切

【例 3-3】 求作顶部开槽的正六棱柱的三视图。

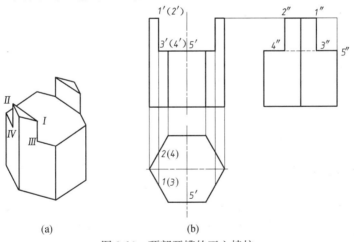

(a)　　　　　(b)

图 3-10 顶部开槽的正六棱柱

分析：如图 3-10（a）所示，正六棱柱被两个侧平面和一个水平面切出一直槽。槽底为水平面，截切棱柱六个侧面和截平面里的两个侧面，共八个平面，形成八边形，俯视图反映实形，主、左视图积聚为线。槽的两侧平面交棱柱顶面与槽的底面各得两条正垂线，其端点都位于棱柱表面上。只要正确求出截交线的关键点（如 Ⅰ、Ⅱ、Ⅲ、Ⅳ 及其对称点）的位置，依次连接，就可完成切割后立体的三视图。

作图步骤如下：

（1）画出完整的正六棱柱的三视图。

（2）根据槽的宽度和深度完成棱柱被三个截平面截切后的开槽的正面投影。

（3）根据槽的两侧平面在主视图的积聚线，按"长对正"画出在俯视图的积聚线。

（4）求取关键点 Ⅰ、Ⅱ、Ⅲ、Ⅳ 的侧面投影。

（5）依次连接各点，完成侧面投影。

（6）整理轮廓线。Ⅲ、Ⅳ之间的线段不可见，改为虚线。而Ⅴ点已被切去，因此要擦去。最后加粗所要轮廓线。图3-10（b）所示为顶部开槽的正六棱柱的三视图。

2. 棱锥被截切

【例3-4】 正三棱锥被斜切，如图3-11（a）所示，画出其三视图。

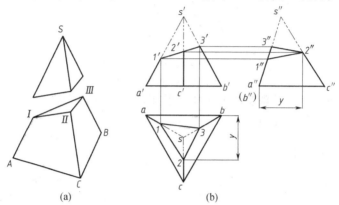

图 3-11 斜切正三棱锥

分析： 从图3-11（a）可看出，正垂面截切了三棱锥的三个侧面，截断面为三角形，顶点都位于棱线上。

作图步骤如下：

（1）画出完整的正三棱锥的三视图。

（2）根据立体图先修改最能反映被切情况的视图，此立体主视图最能反映被切情况。因截断面为正垂面，所以其主视图积聚为一条直线。注意去除斜线上方所有线条。

（3）作各顶点Ⅰ、Ⅱ、Ⅲ的水平投影和侧面投影。

（4）依次连接各点的同面投影。

（5）整理轮廓线，把被截切掉的对应的部分擦掉。图3-11（b）即为所求。

二、回转体的截交线

回转体的截交线是一个封闭的平面曲线。除了先作特殊位置的点的投影即截平面与转向轮廓线的交点投影外，还需作一般位置点的投影，最后依次连线。

1. 圆柱被截切

一个平面截切圆柱，共有三种基本情况，见表3-1。若圆柱被几个平面联合截切，读者可认为是此三种情况的任意机械组合。

表 3-1 圆柱截交线的基本形状

截平面的位置	垂直于轴线	平行于轴线	倾斜于轴线
截交线	圆	矩形	椭圆
截断体			

截平面的位置	垂直于轴线	平行于轴线	倾斜于轴线
投影图			

【例 3-5】　如图 3-12 所示，已知被切割圆柱的主视图和俯视图，求左视图。

分析：由图可以看出，截平面为正垂面，正面投影积聚为一斜线；圆柱面的水平投影具有积聚性，截交线的水平投影与圆柱面的水平投影重合；截交线的侧面投影由表 3—1 知，斜切侧表面截交线为椭圆。

作图步骤如下：

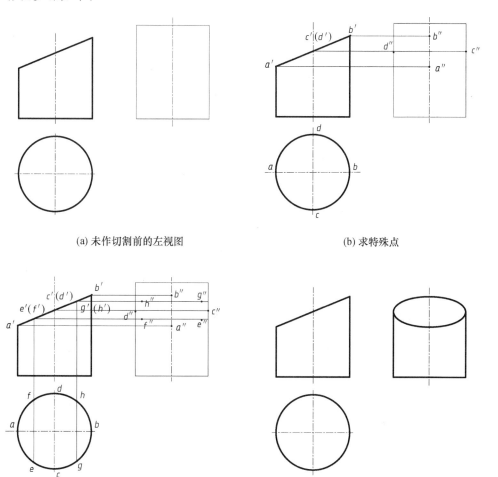

(a) 未作切割前的左视图　　　　　　　　　　(b) 求特殊点

(c) 求一般位置点　　　　　　　　　　(d) 光滑连接，整理轮廓线

图 3-12　截平面倾斜于圆柱时截交线的画图步骤

【例 3-6】　　如图 3-13 所示，已知被切割圆柱的主视图和俯视图，求左视图。

　　分析：描点法只适用于简单截切的情况，作图最终是已知两面投影，利用空间想象力想出立体形状，结合三等规律作出第三面投影。由图 3-13（a），想出图 3-13（d）所示立体形状，快速作出第三视图。或者利用圆柱无论被截切几次，都是以表 3-1 为基础。此圆柱首先被侧平面截切，由表 3-1 知为矩形；然后被正垂面斜切，由表 3-1 知为一椭圆，因为没有切到底，所以为椭圆剩余部分。

　　作图步骤如下：

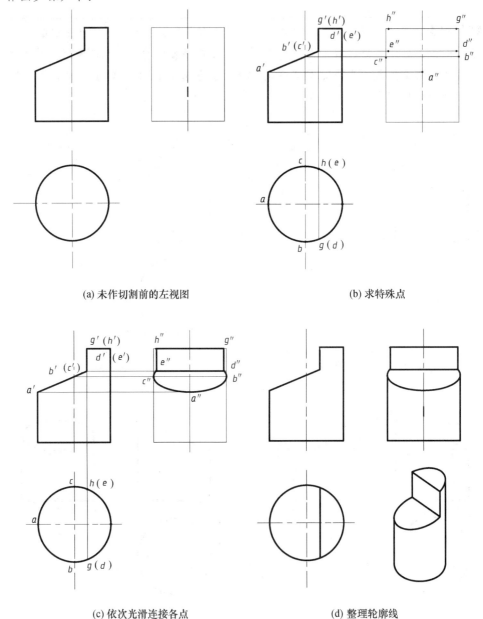

(a) 未作切割前的左视图　　　　　　　　　　　　　(b) 求特殊点

(c) 依次光滑连接各点　　　　　　　　　　　　　(d) 整理轮廓线

图 3-13　圆柱被两平面截切时截交线的作图步骤

【例 3-7】　　分析图 3-14（a）所示开槽圆柱，画出其三视图。

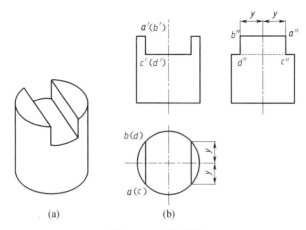

图 3-14　开槽圆柱

分析： 此立体可与图 3-10（a）类比，因圆柱和棱柱侧面都具有积聚性，作图过程大致相同，读者可自行分析解决。最终结果如图 3-14（b）所示。

2. 圆锥被截切

平面截切圆锥，根据截平面的位置不同，截交线有以下五种情况，见表 3-2。若圆锥被几个平面联合截切，读者也可认为是以上五种情况的任意机械组合。

表 3-2　平面截切圆锥的基本形式

截平面的位置	垂直于轴线	过锥顶	平行或倾斜于轴（$\alpha > \beta$）	倾斜于轴线（$\alpha = \beta$）	倾斜于轴线（$\alpha < \beta$）
截交线	圆	三角形	双曲线	抛物线	椭圆
截断体					
投影面					

【例 3-8】 如图 3-15 所示，已知被截切后圆锥的主视图和左视图，求俯视图。

分析： 此题关键是求一般位置点的投影，利用辅助面法即可求解。辅助面法关键是找同心圆半径，如图 3-15（c）中圆规符号标记了同心圆半径。

作图步骤如下：

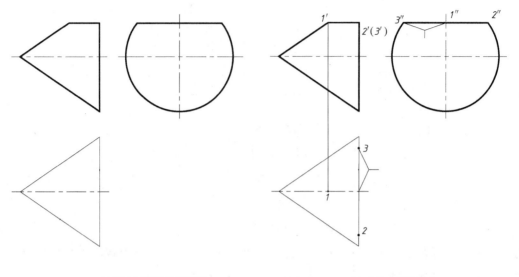

(a) 画未切圆锥的俯视图　　　　　　　　　　　(b) 求截交线特殊点

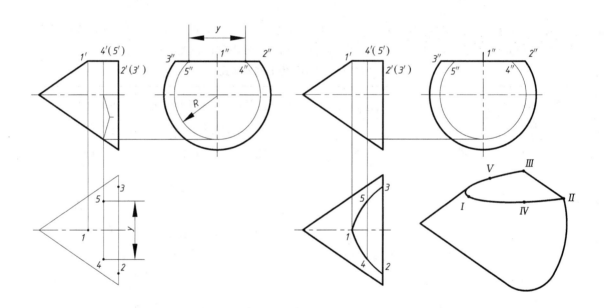

(c) 求截交线一般位置点　　　　　　　　　　　(d) 光滑连线并加粗

图 3-15　求圆锥的截交线

【例 3-9】　如图 3-16（a）所示，已知立体主视图，补画立体俯视图和左视图。

分析： 此圆锥先被正垂面经过顶点斜切，截交线左视图为三角形；然后被水平面平行底面切，截交线俯视图为同心圆上对应一段圆弧。每一种情况都可利用表 3-2 的知识完成，读者可认为这两种截切面只是机械地组合，所以可单独考虑。需提醒的是最终俯视图中 1、2 之间转折线因不可见应改为虚线连接，如图 3-16（c）所示。

作图步骤如下：

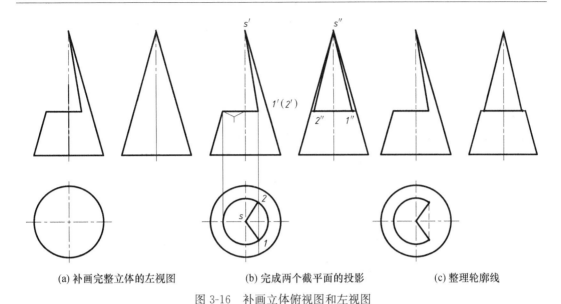

(a) 补画完整立体的左视图　　　(b) 完成两个截平面的投影　　　(c) 整理轮廓线

图 3-16　补画立体俯视图和左视图

【例 3-10】　已知图 3-17（a）所示形体的主视图，求其俯视图和左视图。

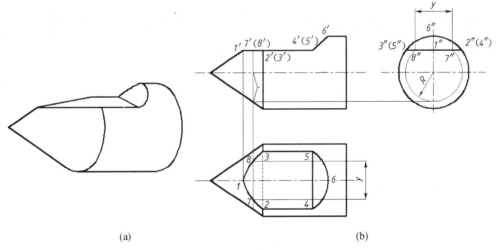

(a)　　　　　　　　　　　　　　　　　(b)

图 3-17　圆柱圆锥组合体被截切

　　分析：这是个求作同轴复合回转体截交线的问题。画同轴复合回转体的截交线时，首先要分析该形体由哪些回转体组成，再分析截平面与每一个被截切回转体轴线的相对位置，然后画出各部分的截交线，并正确画出相邻回转体分界线（或分界面）截切后的投影。图 3-17（a）所示的形体就是由同轴的圆锥和圆柱叠加而成，被截平面先平行切（水平面）再斜切（正垂面）。

　　作图步骤如下：

　　（1）画出完整形体的三视图。

　　（2）分析截交线的形状。本例截交线由三部分组合而成：水平面切圆锥得到的截交线为一条双曲线，切圆柱得到的截交线是两条直素线，正垂面截切圆柱所得截交线为一段椭圆弧。按图 3-13、3-15 所示方法分别可求出各段截交线。

　　（3）整理轮廓线。俯视图中，圆柱和圆锥分界圆的投影在 2、3 之间可见的部分已被截切，应把原来完整形体俯视图中 2、3 之间的粗实线擦掉，改画为虚线（因为其下侧还有不可见轮廓）。另外提醒读者，2、3 以外的粗实线仍应保留。最终结果如图 3-17（b）所示。

3. 圆球被截切

球被截平面任意截切，截交线都为圆。当截平面与球的任一个分界圆平行时，截交线与此分界圆投影在相应视图为同心圆；当截平面为投影面的垂直面，即与球的任一个分界圆倾斜时，则截交线在此投影面上积聚为直线，在其他两投影面投影为椭圆。

【例 3-11】　分析如图 3-18（a）所示开槽半球的截交线，完成立体的三视图。

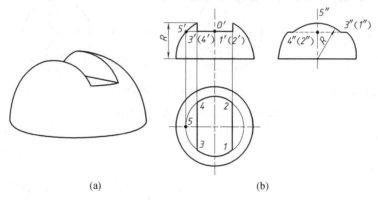

图 3-18　开槽半球的三视图

分析：如图 3-18（a）所示，半球被三个截平面截切。左右对称的两个截平面截切球面各得一段圆弧，两圆弧所在圆与左右分界圆在左视图中投影为同心圆且重合；水平面切球面得同一个圆上的两端圆弧。三个截断面产生的交线均为正垂线。

作图步骤如下：

（1）画出完整半球的三视图。

（2）根据立体图先修改最能反映被切情况的视图。此立体主视图最能反映被切情况，即被两个侧平面与一个水平面截切形成一个开口槽，主视图中根据槽的宽度和深度直接画出半球被三个截平面截切后的开口。注意去除开口上方的线条。

（3）画槽的侧面投影。根据上面分析内容可知，槽两侧面的侧面投影重合且反映实形，为左视图中一同心圆上的一段圆弧，此关键是寻找同心圆的半径，具体做法如图 3-18（b）所示，半径已被标出。槽底面为水平面，在左视图积聚为一线段。

（4）画槽的水平投影。槽底面的水平投影也反映实形，为俯视图中同心圆被两侧平面积聚线夹着的中间部分。$O'5'$ 之间的距离即为俯视图中同心圆的半径，如图 3-18（b）所示。

（5）整理轮廓线。主视图中最左分界圆的投影 O' 以上部分被截切，则左视图对应的最外轮廓圆应去除；$3''$、$4''$ 与 $1''$、$2''$ 各自两点间的直线段不可见，改为虚线。

第四章　轴测图

【知识目标】

1. 了解轴测图的基本知识。
2. 掌握正等轴测图的画法。
3. 掌握斜二等轴测图的画法。

【能力目标】

1. 能根据实物或三视图绘制正等轴测图。
2. 能根据实物或三视图绘制斜二等轴测图。

轴测图能同时反映形体长、宽、高三个方向的形状，具有立体感强、形象直观的优点，工程上一般只用作辅助图样，用来表达复杂零件结构和化工管道的空间布局。画轴测图时，凡轴向线段可按其尺寸乘以相应的轴向伸缩系数，可直接沿轴测量；而对于空间不平行于坐标轴的线段，即非轴向线段，不可在图上直接量取，可按两端点的直角坐标分别沿轴向测量，作出两端点的轴测投影，然后连线，即得线段的轴测投影。对于相互平行的非轴向线段，读者可利用平行不变性提高组图效率。

第一节　轴测图的基本知识

一、基本概念

1. 轴测图的形成

轴测图即将物体连同其直角坐标系沿不平行于任一坐标平面的方向，用平行投影法将其投射在单一投影面上所得到的图形。图 4-1 中沿 S 投射方向投影在 P 平面（轴测投影面）所得的投影图即为轴测图。

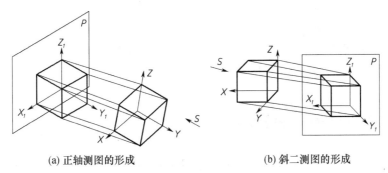

(a) 正轴测图的形成　　　　　　　　　　(b) 斜二测图的形成

图 4-1　轴测投影的形成

2. 轴测轴、轴间角和轴向伸缩系数

（1）轴测轴   空间直角坐标轴（OX、OY、OZ）在轴测投影面上的投影称为轴测轴，用 O_1X_1、O_1Y_1、O_1Z_1 表示。

（2）轴间角   相邻两轴测轴之间的夹角称为轴间角。

（3）轴向伸缩系数   轴测轴上线段与空间直角坐标轴上对应线段的长度之比称为轴向伸缩系数。OX、OY、OZ 轴上的伸缩系数分别用 p、q、r 表示。

3. 轴测图的种类

根据投射方向与轴测投影面的相对位置不同，常用的轴测图可分为以下两种：

（1）正等轴测图   投射方向垂直于轴测投影面的轴测投影，三个轴向伸缩系数相同，即 $p=q=r=1$。

（2）斜二等轴测图   投射方向倾斜于轴测投影面的轴测投影，$p=r=1$，$q=0.5$。

4. 轴测投影的特性

轴测投影是用平行投影法绘制的一种投影图，因此具有平行投影的基本特性。

（1）空间平行于某一坐标轴的直线（轴向线段），其轴测投影平行于相应的轴测轴，其伸缩系数与相应坐标轴的轴向伸缩系数相同。

（2）空间相互平行的直线，其轴测投影仍相互平行。

（3）若点在直线上，则点的轴测投影仍在直线的轴测投影上。

二、轴测投影的特性

轴测投影是用平行投影法绘制的投影图，具有平行投影的基本特征。

（1）物体上平行于空间坐标轴的线段，轴测投影也平行于相应的轴测轴。

（2）物体上相互平行的线段，轴测投影中也相互平行。

第二节   正等轴测图

一、正等轴测图的轴间角和轴向伸缩系数

正等轴测图的轴间角均为 $120°$，如图 4-2 所示。先在垂直方向上画 O_1Z_1 轴，再根据角度画另外两个轴。根据计算，正等轴测图的轴向伸缩系数 $p=q=r=0.82$，但为了作图方便，通常取简化伸缩系数 $p=q=r=1$。这样绘的轴测图，三个轴向尺寸均为实际投影尺寸的 1.22 （1/0.82）倍，但形状和直观性都不变，只是作图方便多了。

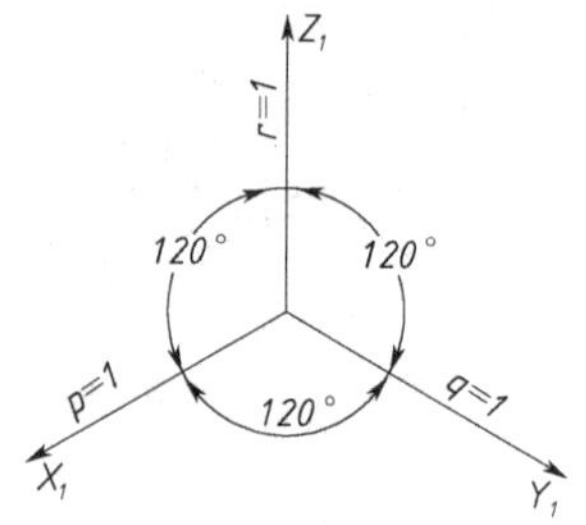

二、平面立体的正等轴测图画法

1. 坐标法

坐标法是画平面立体正等轴测图的基本方法。作图时，首先选定合适的坐标轴，画出轴测

图 4-2   正等轴测图的轴间角与轴向伸缩系数

轴；然后根据立体的形状特点，确定原点的恰当位置（此步骤较关键，可以决定作图是否简便）；最后再按立体上各顶点的坐标作出它们的轴测投影，连接相应顶点的轴测投影即为立体的轴测图。

【例 4-1】　根据正六棱柱的主俯视图，画出其正等轴测图。

分析：由于正六棱柱前后、左右都对称，故将坐标原点 O 定在其顶面中心，以六边形的中心线为 X 轴和 Y 轴，棱柱的轴线为 Z 轴，从顶面开始作图。

作图步骤如下：

（1）在视图中定出坐标原点和坐标轴，并标注对应线段尺寸，如图 4-3（a）所示。

（2）画轴测轴，在 X_1 轴上根据尺寸 $m/2$ 作出 F、C 点；同理在 Y_1 轴上先根据 $s/2$ 作出 I、II 点，然后再根据 $n/2$ 作出顶面其余四个顶点；最后根据 h 作出底面各顶点。所述过程如图 4-3（b）和（c）所示。

（3）连接各可见顶点，加深所要线条。最后全图如图 4-3（d）所示。

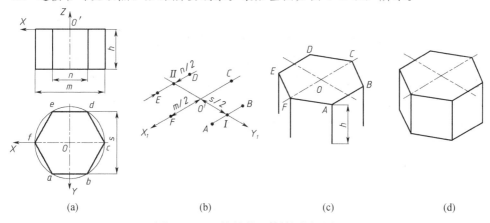

(a)　　　　　　　　(b)　　　　　　　　(c)　　　　　　　　(d)

图 4-3　正六棱柱的正等轴测图画法

2. 切割法

对于截平面切割平面立体的形体，读者大多可看成在长方体的基础上挖切而成。则画轴测图时根据平面立体的总长、总高、总宽先画出一个长方体，然后在此基础上根据实际形体的切割情况从其上进行挖切，作出形体的轴测图。

【例 4-2】　根据图 4-4（a）中形体的三视图，画出其正等轴测图。

分析：从图 4-4（a）中主视图知立体被一个正垂面截切，从俯视图可知立体被两个截平面同时截切，其中一个为正平面，一个为侧平面。

作图步骤如下：

（1）在视图中选定出坐标轴，根据形体的总长、总高、总宽画出一个长方体，如图 4-4（b）所示。

（2）根据主视图中斜线（正垂面的积聚线）的起点与终点的尺寸，把长方体切去左上角，如图 4-4（c）所示。

（3）根据俯视图中缺口处线条尺寸在长方体底面偏左前方位置处画出缺口，如图 4-4（d）所示切去左前角。

（4）检查，整理轮廓线，最终视图如图 4-4（d）所示。

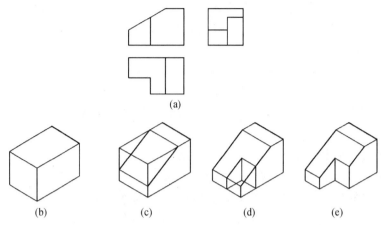

(a)

(b) (c) (d) (e)

图 4-4 用切割法画正等轴测图

3. 叠加法

对于由几个几何体叠加而成的形体，读者可简单认为其只是机械地组合叠加，可先作出主体部分的轴测图，然后再按其相对位置逐个画出其他部分，从而完成整体的轴测图。因后者的加入会导致前者部分线段被融入一体等情况，画图时需注意边画边修改。

【例 4-3】 根据图 4-5（a）中形体的三视图，画出其正等轴测图。

分析：该形体由两个长方体（四棱柱）和一个三棱柱叠加而成。

作图步骤如下：

（1）在视图中选定坐标轴，根据下方长方体的总长、总高、总宽画出底板，如图 4-5（b）所示。

（2）确定上、下长方体的相对位置，根据其尺寸画出上方长方体，如图 4-5（c）所示。

（3）同理，在图 4-5（c）的基础上画出三棱柱，如图 4-5（d）所示。

（4）检查擦掉各部分融为一体的线段，整理轮廓线。

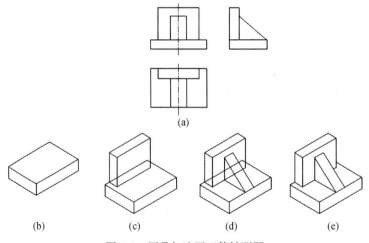

(a)

(b) (c) (d) (e)

图 4-5 用叠加法画正等轴测图

三、回转体的正等轴测图画法

1. 平行坐标面的圆的正等轴测图

平行于任一个坐标面的圆，其正等轴测图都是椭圆，可采用由四段圆弧连接的四心近似画法，如图 4-6 中水平圆的作图步骤。

（1）画圆的外切正方形，交圆的中心轴线分别于点 1、3、2、4，如图 4-6（a）所示。

（2）画外切正方形的轴测投影，如图 4-6（b）所示，即把原来圆的中心轴线 13 沿 $O_1 X_1$ 轴测轴放置，把中心轴 24 沿 $O_1 Y_1$ 轴放置，再根据正方形的尺寸按坐标法绘出其轴测图，此时正方形的正等轴测图变为一菱形。

（3）连接菱形的长轴，分别交 $S_2 4_1$ 或 $S_1 1_1$ 于同一点 S_3，交 $S_1 2_1$ 或 $S_2 3_1$ 于同一点 S_4。则 S_1、S_2、S_3、S_4 各为四段圆弧对应的圆心；4_1、3_1、2_1、1_1 为四段圆弧的接点。如图4-6（c）所示。

（4）分别以 S_1 或 S_2 为圆心，以 $S_1 1_1$ 或 $S_2 4_1$ 为半径画两段长弧；以 S_3 或 S_4 为圆心，以 $S_3 4_1$ 或 $S_4 3_1$ 为半径画两段短弧。接点处对接即得椭圆。最终如图 4-6（d）所示。

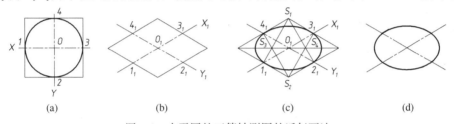

(a)　　　　　(b)　　　　　(c)　　　　　(d)

图 4-6　水平圆的正等轴测图的近似画法

另外各投影面平行面上圆的正等轴测图如图 4-7 所示，关键是选择各投影面上的坐标轴。水平圆选择 X、Y 轴，正平圆选择 X、Z 轴，侧平圆选择 Y、Z 轴。作法类似于图 4-6，读者可一试。

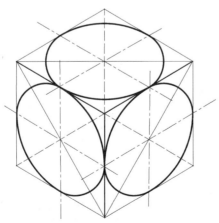

图 4-7　投影面平行面上圆的正等轴测图

2. 回转体的正等轴测图

画回转体的正等轴测图时，首先画平行于坐标面的圆的正等轴测图，即椭圆；然后再画出整个回转体的正等轴测图。

【例 4-4】 画出圆柱的正等轴测图。

分析： 圆柱的上、下端面为水平面，其轴测投影分别为椭圆，可用以上四心法画。圆柱的高确定两椭圆的中心距。

作图步骤如下：

（1）在视图中选定坐标轴，先根据以上步骤画出上端面的轴测投影——椭圆。如图 4-8（b）所示。

（2）从上端面沿 Z 轴往下量取 h 确定下端面的位置，同样方法画椭圆。如图 4-8（c）所示。

（3）作上、下两椭圆的公切线，加粗，完成圆柱的正等轴测图。如图 4-8（d）所示。

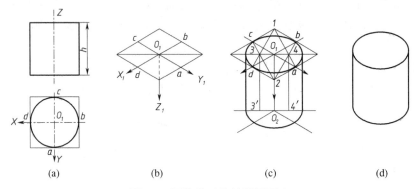

(a)　　　　　(b)　　　　　(c)　　　　　(d)

图 4-8　圆柱的正等轴测图画法

另外，各轴线垂直于投影面的圆柱集中画在图 4-9，读者可以参考。

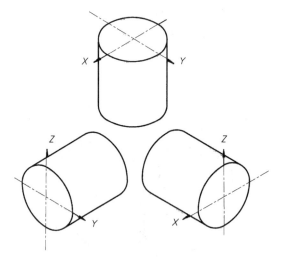

图 4-9　轴线垂直于投影面的圆柱的正等轴测图

【例 4-5】 画出圆锥的正等轴测图。

分析： 圆锥的正等轴测画法，只需把底面根据四心法画椭圆，然后连接顶点即可。

作图步骤如下：

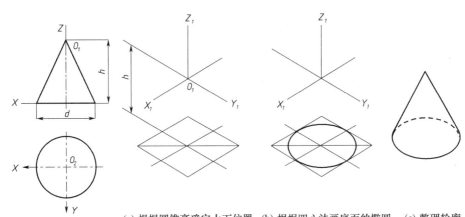

(a) 根据圆锥高确定上下位置　(b) 根据四心法画底面的椭圆　(c) 整理轮廓

图 4-10　圆锥的正等轴测图画法

3. 圆角的正等轴测图

（1）分析

如图 4-11（a）所示，长方体的上顶面与下底面前方都做了圆角（1/4 圆弧，上下连接为 1/4 圆柱面），其轴测投影是椭圆的一部分。画 1/4 圆弧的正等轴测图时，关键是寻找圆弧的圆心，可先在圆弧的两侧的直线上找到切点的正等轴测投影（切点从顶点分别沿两侧直线经过 R 距离即可找到），然后在正等轴测图中从两切点分别作两侧直线的垂线，垂线的交点即为圆心，交点到各切点的距离即为所画圆弧的半径。

（2）作图步骤

① 首先作长方体的正等轴测图，按照以上分析先在上顶面分别找到切点 1、2、3、4。如图 4-11（b）所示。

② 过切点 1、2 作相应直线的垂直线，得交点 O_1，以 O_1 为圆心，以 R_1 为半径画弧。同理，以 O_2 为圆心，以 R_2 为半径画弧。如图 4-11（c）所示。

③ 将 O_1、O_2 及四个切点沿 Z 轴往下移 h，找到在下底面圆弧对应的圆心和切点，仍然以 R_1、R_2 为半径画圆弧。右端作上下两圆弧的公切线。加粗，完成整个带圆角的长方体的正等轴测图。如图 4-11（d）所示。

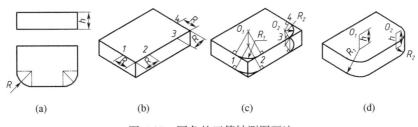

(a)　　　　　　(b)　　　　　　(c)　　　　　　(d)

图 4-11　圆角的正等轴测图画法

第三节　斜二等轴测图

一、斜二测的轴间角和轴向伸缩系数

1．轴间角

如图 4-12 所示，$\angle X_1O_1Z_1 = \angle Y_1O_1Z_1 = 135°$，$\angle X_1O_1Z_1 = 90°$。

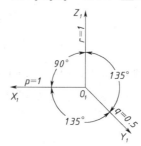

图 4-12　斜二测的轴间角与轴向伸缩系数

2．轴向伸缩系数

如图 4-12 所示，$p = r = 1$，$q = 0.5$。

二、斜二测立体图画法

斜二测画法与正等轴测图画法大致相同，只是在 O_1Y_1 轴测轴上将宽缩短一半。此处不再详述。

【例 4-6】　画出正方体的斜二等轴测图。

分析：设正方体边长为 a，斜二测画法只是在正等轴测图的基础上坐标发生改变，然后在 Y_1 轴上宽尺寸缩短一半。

作图步骤如下：

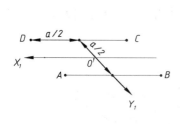
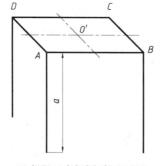
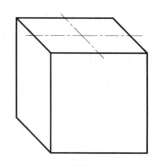

(a) 建立坐标轴并确定尺寸　　　　(b) 根据尺寸在坐标轴上画图　　　　(c) 加粗所需轮廓

图 4-13　正方体的斜二测画法

第五章　组合体

【知识目标】
1. 理解组合体的形体分析法。
2. 掌握组合体三视图的画法和尺寸注法。
3. 掌握读组合体视图的方法。

【能力目标】
1. 能根据模型或轴测图绘制出组合体的三视图。
2. 能正确标注组合体的尺寸。
3. 能根据组合体的两个视图补画出第三视图。

由两个或两个以上的基本形体按照一定方式组合而成的物体，称为组合体。

本章是在掌握投影理论的基础上，进一步讨论组合体的画图、读图和尺寸标注的基本方法。

第一节　组合体的组合形式及表面连接关系

一、组合体的形体分析法

一个物体无论多么复杂，均可看成是由若干简单形体经过组合而成的。这种把一个组合体假想分解成若干个基本形体或部分，然后逐个弄清各部分的形状、相对位置、连接方式和组合形式，以便进行绘制和识读组合体视图的方法，称为形体分析法。它是画图、标注尺寸和读图的最基本方法，也是一种将复杂问题简单化的解决方法。

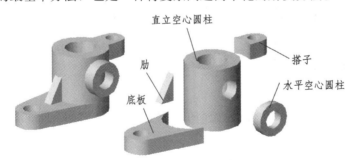

图 5-1　组合体的形体分析

如图 5-1 所示的支架，用形体分析法可将其分解成由六个基本形体组成。支架的中间为一直立空心圆柱，肋和右上方的搭子均与直立空心圆柱相交而产生交线，肋的左侧斜面与直立空心圆柱相交产生的交线是曲线（椭圆的一小部分）。前方的水平空心圆柱与直立空心圆柱垂直相交，两孔穿通，圆柱外表面要产生交线，两内圆柱表面也要产生交线。右上方的搭子顶面与直立空心圆柱的顶面平齐，表面无交线；底板两侧面与直立空心圆柱相切，相切处无交线。

二、组合体的组合形式

由两个或两个以上的基本体按一定的方式所组成的物体称为组合体。按组合体中各基本形体的相对位置关系以及形状特征，组合体的组合形式可分为叠加型、切割型（又称挖切型）和综合型三类。

1. 叠加型

由几个简单形体叠加而形成的组合体称为叠加型组合体。图 5-2（a）所示立体是一个叠加式组合体，它是由两个基本体通过叠加而形成的。

2. 切割型

一个基本体被切去某些部分后形成的组合体称为切割型组合体。图 5-2（b）所示的立体是切割式组合体，它可看成是由长方体挖切去一个小圆柱体而形成的。

3. 综合型

既有"叠加"又有"切割"而形成的组合体称为综合型组合体，它是组合体最常见的组合形式。图 5-2（c）所示的组合体是一个综合型组合图，它是由两个切割后的几何体叠加形成的。

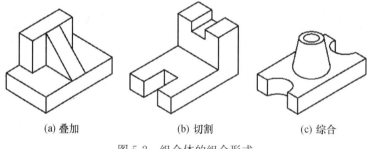

(a) 叠加   (b) 切割   (c) 综合

图 5-2 组合体的组合形式

三、组合体中相邻形体表面的连接关系

组合体各基本形体组合在一起后，相邻接表面可能会产生的连接形式有四种情况：不平齐、平齐、相切、相交。

1. 不平齐

不平齐表示两表面叠加后不完全重叠，在视图上可见部分之间有图线隔开。如图 5-3（a）所示。

2. 平齐

平齐表示两部分表面在叠加后完全重叠，在视图上可见两部分之间无隔线。如图 5-3（b）所示。

3. 相切

相切表示两表面光滑过渡。在相切处不存在轮廓线，即在视图上相切处不画线。如图 5-3（c）所示。

4. 相交

当两个基本立体的表面彼此相交时，其表面交线则是它们的分界线，在视图中必须画出交线的投影。如图 5-3（d）所示，底板和圆柱表面相交，在主视图上应画出交线的投影。

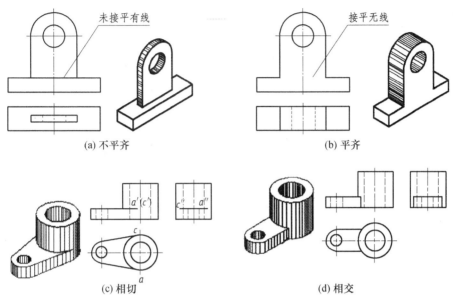

图 5-3　组合体表面的连接关系

四、立体表面的相贯线画法

两立体相交时，立体表面的交线称为相贯线，构成的立体称为相贯体。相贯线具有如下三种性质。

表面性：相贯线位于两立体的表面上。

封闭性：相贯线在一般情况下是封闭的空间曲线，特殊情况下为平面曲线或直线。

共有性：相贯线是两立体表面的共有线，也是相交两形体表面的分界线。相贯线上的所有点都是两形体表面的共有点。

1. 利用积聚性求相贯线

下面举例说明两圆柱体正交的交线画法。

【例 5-1】　用表面取点法求两圆柱正交的相贯线的投影，如图 5-4（a）所示。

分析： 两圆柱正交，也就是说两圆柱的轴线垂直相交。大圆柱和小圆柱的轴线分别垂直于相应的投影面，则交线在相应的 W、H 投影面上的投影必在圆柱面的积聚投影圆上，利用这一特性，可求出交线的正面投影。由于形体前后对称，画相贯线的正面投影时，前半部分和后半部分重合，只画前半部分。

作图步骤如下：

（1）求特殊点。点 I、II 别为相贯线的最左点和最右点，也是相贯线的最高点。它们的正面投影 $1'$、$2'$ 为两圆柱正面转向线的交点，根据正面转向线的水平投影和侧面投影可求出 1、2 和 $1''$、（$2''$）。点 III、IV 为相贯线的最前点和最后点，也是相贯线的最低点，

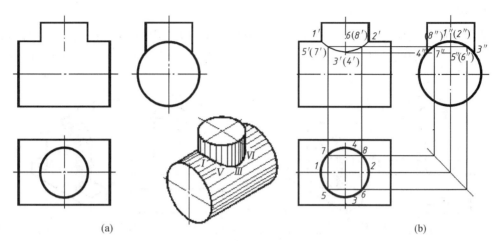

(a)   (b)

图 5-4 两圆柱正交

它们的侧面投影为小圆柱侧面转向线与大圆柱侧面投影的交点 $3''$、$4''$，根据该转向线正面投影和水平投影可求出 $3'$、$(4')$ 和 3、4。

（2）求一般点。在 I、III 间任取 V 点，II、III 间任取点 VI，即在相贯线的侧面投影上取 $5''$、$(6'')$，由 $5''$、$(6'')$ 在水平投影上求得 5、6，再由 $5''$、$(6'')$ 和 5、6 求得正面投影 $5'$、$6'$。

（3）依次光滑连接 $1'$、$5'$、$3'$、$6'$、$2'$ 得到前半段相贯线的正面投影。后半段相贯线的正面投影与之重合。

图 5-5 所以是两圆柱相贯线的常见情况。

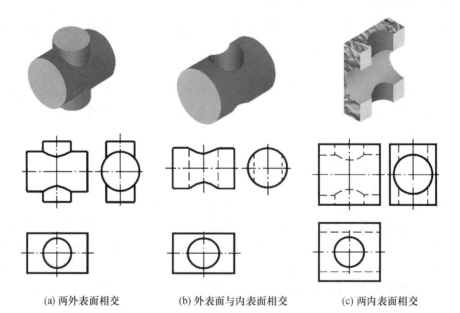

(a) 两外表面相交   (b) 外表面与内表面相交   (c) 两内表面相交

图 5-5 两圆柱相贯线的常见情况

图 5-6 所示是两圆柱直径的变化对相贯线的影响。

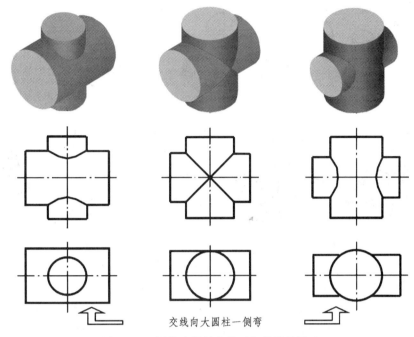

图 5-6　两圆柱直径的变化对相贯线的影响

2. 相贯线的简化画法

如图 5-7 所示，为了简化作图，两圆柱正交的相贯线一般采用近似画法，以相交两圆柱中较大圆柱的半径画弧所得。

作图步骤：以点 $1'$ 为圆心，以 $R=D/2$ 为半径画弧，交小圆柱的中心线于点 O，再以点 O 为圆心，以 R 为半径，过点 $1'$、$2'$ 画弧。

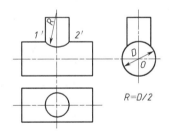

图 5-7　相贯线的近似画法

3. 特殊的相贯线

两回转体相交时，交线一般为空间曲线。在特殊情况下，交线为平面曲线或直线。

（1）当两回转体同轴时，相贯线为圆。如图 5-8（a）所示。

（2）当回转体轴线相交且公切于一个球时，相贯线为椭圆。如图 5-8（b）所示。

（3）当轴线平行的两圆柱相交时，相贯线为直线；当两圆锥共顶相交时，相贯线为直线。如图 5-8（c）所示。

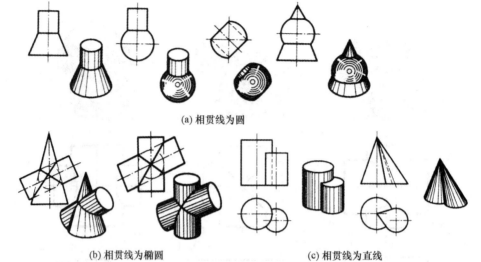

(a) 相贯线为圆

(b) 相贯线为椭圆   (c) 相贯线为直线

图 5-8   相贯线的特殊情况

【例 5-2】   分析如图 5-9 所示形体的相贯线，完成其三视图。

分析： 除两个外圆柱面相交产生相贯线外，两个圆孔相交以及外圆柱面和圆孔相交也都产生相贯线。轴线铅垂的圆孔与轴线水平圆筒的外表面和内表面同时相贯，圆孔与圆筒外表面的相贯线可见，而圆孔与圆孔的相贯线不可见，如图 5-10 所示。注意，两圆孔直径相等，属相贯线的特殊情况。

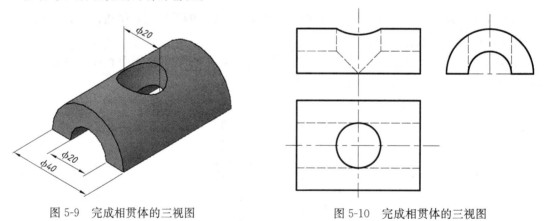

图 5-9   完成相贯体的三视图   图 5-10   完成相贯体的三视图

第二节   组合体的画图

一、主视图的选择

在组合体三视图中，主视图是最重要的一个视图，因此主视图的选择要考虑以下几个方面：一是应选较明显反映组合体形状特征的那个方向，作为主视图的投射方向；二是主视图的摆放位置应反映位置特征，并使其表面相对于投影面尽可能多地处于平行或垂直位置；三是选择其自然位置。在此前提下，还应考虑使俯视图和左视图上虚线尽可能地减少。

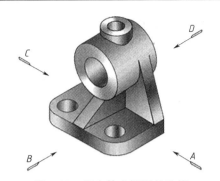

图 5-11　组合体主视图的选择

　　如图 5-11 所示，从 A、B、C、D 四个投射方向进行比较，所得投影结果如图 5-12 所示。其中 B 向最能反映组合体的形状特征，D 向虚线较多，没有 B 向清晰，A 向和 C 向作为主视图没有多大差别，但形状特征不如 B 向明显。因此，应选择 B 向作为主视图的投射方向。主视图确定后，俯视图和左视图也就随之确定。

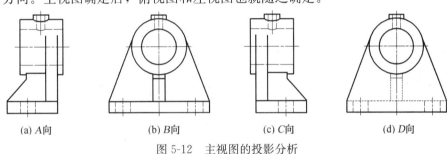

(a) A向　　　　　　(b) B向　　　　　　(c) C向　　　　　　(d) D向

图 5-12　主视图的投影分析

二、画组合体三视图的方法与步骤

1. 叠加式组合体的三视图画法

下面以图 5-11 所示轴承座为例，来说明叠加式组合体的画图方法与步骤。

（1）对组合体进行分析

如图 5-11 所示，根据形体特点，可将轴承座分解为底板、圆筒、肋板、支撑板四个组成部分。其左右对称，底板、支撑板和圆筒的后端面平齐，圆筒在上方，支撑板和肋板与圆筒分别相切和相交。

（2）主视图选择

选择最能表达形体形状和位置特征的投影作为形体的主视图，兼顾考虑其他视图（前面已分析）。

（3）确定比例，选定图幅

视图确定后，根据物体的大小和复杂程度，按标准规定选择适当的比例和图幅。尽量选择能够反映形体真实大小的 1：1 比例。

（4）布置视图位置

布图时，应根据各视图中每个方向的最大尺寸，并考虑视图之间标注尺寸的位置；然后画出基准线，确定视图的位置，使各视图在图纸上布置匀称。

（5）绘制各形体三视图

① 布图、画基准线，如图 5-13（a）所示。通常，选组合体的投影有积聚性的底面、

大端面、对称面和回转体的轴线作为各视图的基准线。

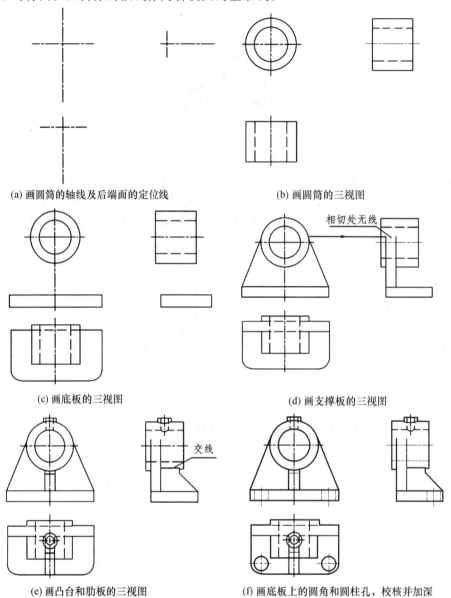

(a) 画圆筒的轴线及后端面的定位线　　　　　(b) 画圆筒的三视图

(c) 画底板的三视图　　　　　　　　　　　　(d) 画支撑板的三视图

(e) 画凸台和肋板的三视图　　　　　　　　　(f) 画底板上的圆角和圆柱孔，校核并加深

图 5-13　叠加式组合体的画图步骤

② 运用形体分析法，按照组合形式和相对位置画出组合体各部分的投影，如图 5-13（b）～（e）所示。

为了保证三视图之间的投影关系的准确性，提高画图速度，画图时应注意：

a. 同一基本形体的三视图联系起来同时作图，不应画完组合体一个完整视图后，再去画它的另一视图。

b. 画每一个形体时，应先从反映该形体形状特征的视图画起，然后再画其他视图。

c. 对基本形体上被切割部分的表面，可先从具有积聚性的视图画起，再完成其余视图。

综上所述，画组合体的顺序是：一般先实（实形体），后虚（挖去的形体）；先大（大形体），后小（小形体）；先画轮廓，后画细节。

（6）检查、描深、完成全图

如图 5-13（f）所示，完成底稿后，仔细检查，修改错误并擦去多余图线，然后按制图规定的线型描深。

2．切割式组合体的三视图画法

切割式组合体三视图的画图特征是逐步切割。即先画出原始的基本形体，再逐步画出每次切割的形体。画这类组合体的方法一般是线面分析法，即根据物体各表面的投影特性来分析组合体表面的形状和相对位置的一种画组合体的方法。画图的一般步骤如下：

（1）确定基本体形状，画出三视图。

（2）分析切割部分的立体的形状，画出其投影。

（3）整理轮廓线，描粗。

【例 5-3】　画如图 5-14 所示的切割体的三视图。

作图步骤如下：

（1）将该切割体还原为基本体——长方体，画出其三视图，如图 5-15（a）所示。

（2）根据"三等"关系，画出左上角被切去三棱柱后交线的投影，如图 5-15（b）所示。

（3）画出前后部分各切去一个四棱柱后交线的投影，如图 5-15（c）所示。

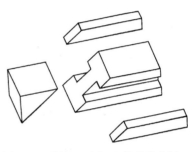

图 5-14　斜切工字钢及其形状分析

（4）整理轮廓线，描粗。

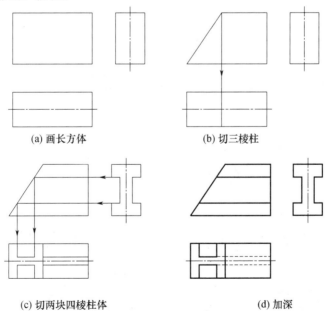

（a）画长方体　　　　　　　　（b）切三棱柱

（c）切两块四棱柱体　　　　　　　　（d）加深

图 5-15　切割式组合体的画图步骤

【例 5-4】　请画出如图 5-16 所示立体的三视图。

分析：图 5-16 中的支座由大圆筒、小圆筒、底板和肋板组成，其中大圆筒与底板接合，底板的底面与大圆筒底面共面，底板的侧面与大圆筒的外圆柱面相切；肋板叠加在底板的上表面上，右侧与大圆筒相交，其表面交线为 A、B、C、D，其中 D 为肋板斜面与圆柱面相交而产生的椭圆弧；大圆筒与小圆筒的轴线正交，两圆筒相贯连成一体，因此两者的内外圆柱面相交处都有相贯线。在具体画图时，可以按各个部分的相对位置，逐个画出它们的投影以及它们之间的表面连接关系，综合起来即得到整个组合体的视图。

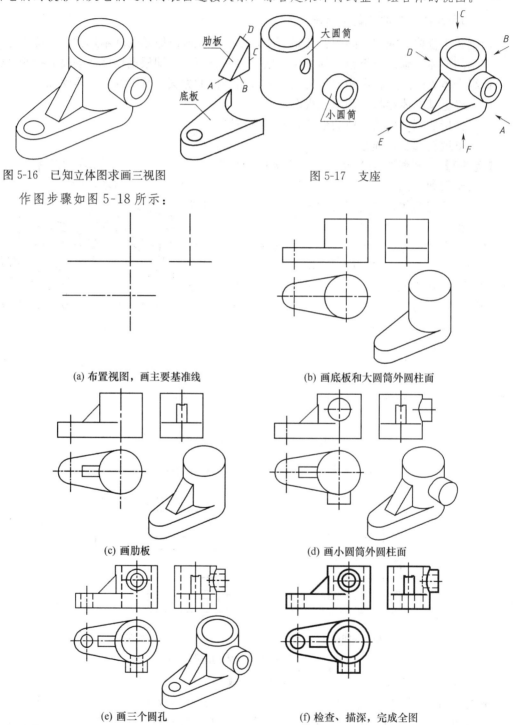

图 5-16　已知立体图求画三视图　　　　　　　　图 5-17　支座

作图步骤如图 5-18 所示：

(a) 布置视图，画主要基准线　　　　　　　(b) 画底板和大圆筒外圆柱面

(c) 画肋板　　　　　　　　　　　　　　(d) 画小圆筒外圆柱面

(e) 画三个圆孔　　　　　　　　　　　　(f) 检查、描深，完成全图

图 5-18　支座三视图的作图步骤

第三节　组合体的读图

一、读组合体视图的基本要领

画图是将物体按正投影方法表达在图纸上，将空间物体以平面图形的形式反映出来；读图一般是以形体分析法为主，线面分析法为辅，根据形体的视图，逐个识别出各个形体，并确定形体的组合形式、相对位置及邻接表面关系。想象出组合体后，应验证给定的每个视图与所想象的组合体的视图是否相符，不断修正想象的形体，直至各个视图都相符。

1. 明确视图中图线和线框的空间含义

视图中每个封闭线框通常表示物体上的一个表面（平面或曲面）或孔的投影。视图中的每条图线则可能是平面或曲面的积聚性投影，也可能是线的投影。因此，必须将几个视图联系起来对照分析，才能明确视图中的线框和图线的含义。

（1）线框的含义

视图中每个封闭的线框可能表示三种情况：

①平面。如图 5-19（a）所示，主视图中的线框 B' 对着俯视图中的斜线 B，表示四棱柱左前棱面的投影。

②曲面。线框 D' 对着俯视图中的圆线框 D，表示一个圆柱面的投影。

③基本形体。如俯视图中的四边形，对照主视图可知为一四棱柱。

（2）图线的含义

视图中的每条图线可能表示三种情况：

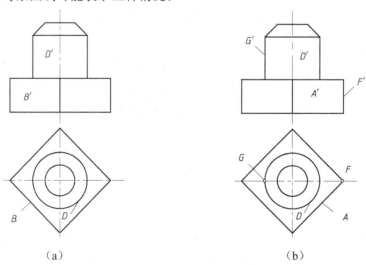

（a）　　　　　　　　　　　（b）

图 5-19　线框和图线的含义

①垂直于投影面的平面或曲面的投影。图 5-19（b）俯视图中的直线 A，对应着主视图中的四边形 A'，它是四棱柱右前棱面（铅垂面）的投影；俯视图中的圆 D，对应着主

视图中的 D' 线框,表示一个圆柱面(曲面)。

②两个面交线的投影。图 5-19(b)主视图中的直线 F',对应着俯视图中积聚成一点的 F,它是四棱柱右前和右后两棱面交线的投影。

③回转体转向轮廓线的投影。图 5-19(b)主视图中的直线 G',对应着俯视图圆框中的最左点 G,它表示的是圆柱面对正面的转向轮廓线。用同样的方法也可以分析其他图线的性质。

2. 将几个视图联系起来进行分析看图

在工程中,机件的形状是通过几个视图来表达的,每个视图只能反映机件一个方向的形状。因此,仅仅由一个视图往往不能唯一地表达某一机件的结构。如图 5-20 所示的四种立体,其主视图完全相同,但是联系起俯视图来看,就知道它们表达的是四个不同的物体。

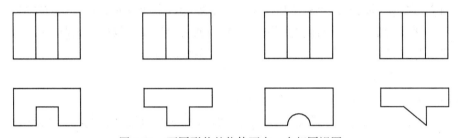

图 5-20　不同形状的物体可有一个相同视图

有时立体的两个视图也不能确定立体的形状。如图 5-21 所示的三组视图,它们有相同的主视图和左视图,但俯视图不同,因此是三个不同形状的物体。

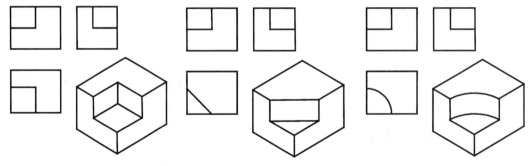

图 5-21　不同形状的物体可有两个相同的视图

3. 善于抓住视图中的形状和位置特征进行分析

要先从反映形体特征明显的视图(通常为主视图)看起,再与其他视图联系起来,形体的形状才能识别出来。

所谓反映形体特征,是指反映形体的形状特征和位置特征较明显,只看图 5-22(a)的主视图,物体上的 I 和 II 两部分哪个凸出,哪个凹进,无法确定,从俯视图上也无法确定,可能是图 5-22(b)或 5-22(c)所示的形状;而左视图就明显反映了位置特征,将主、左两个视图联系起来看,就可唯一判定是图 5-22(c)所示的形状。

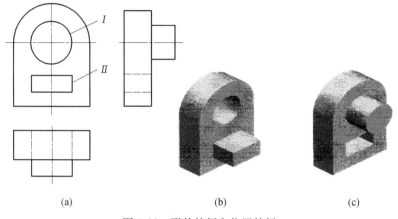

图 5-22 形状特征和位置特征

二、读组合体视图的方法和步骤

1. 形体分析法

将组合体分解为若干基本体的叠加或切割，弄清各部分的形状，分析它们的组合方式和相对位置，从而产生对整个组合体形状的完整概念，这种分析方法称为形体分析法。形体分析法是组合体的画图、看图和尺寸标注的基本方法。

【例 5-5】 如图 5-23 所示，由支撑的主视图、左视图，想象出支撑的形状，并补画出俯视图。

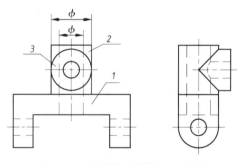

图 5-23 支撑的主视图、左视图

分析：(1) 对照左视图，把主视图划分为三个封闭的实线线框，这三个封闭的线框表示了这个组合体的三个部分，每一部分对照主视图、俯视图来看，可以想象：这个支撑是由底板 1 以及两个相交的圆柱体 2 和 3 叠加而成的，这三个部分都有圆柱孔。再分析它们的相对位置，对整体有一个初步的了解。

(2) 具体想象各部分的形状，补画出俯视图。作图过程如图 5-24 所示。图 5-24 (a) 为从主视图上分离出来的底板的封闭线框 "1"，对照主视图、左视图，可想象出这是一个倒凹字形状的底板，它的两侧耳板上部为长方体，下部为半圆柱体，耳板上各有一圆柱形通孔。据此，可以画出底板的俯视图。

如图 5-24 (b) 所示，在主视图分离出来的上部矩形线框 "2"，对应左视图上仍是矩形，但从图 5-24 (c) 左视图 "2" 与 "3" 的交线形状分析，表明它是一个轴线为铅垂线的圆柱体。在该圆柱体中间有一个与其共轴线的穿通底板的圆柱孔，底板的前面和后面分别与圆柱体相切，底板的宽度等于圆柱体的直径，通过分析可画出"2"的俯视图。

如图 5-24（c）所示，在主视图上分离出来上部的圆形线框（包括框中小圆），对照左视图可知，它是一个中间有圆柱孔的轴线垂直于正面的圆柱体，它的直径与轴线垂直于水平面的圆柱体的直径相等，且轴线垂直相交，这从左视图中的相贯线投影成直线（相贯线为平面曲线）形式也可看出，因为只有当两圆柱直径相等、轴线垂直相交时才会产生这种相贯线。

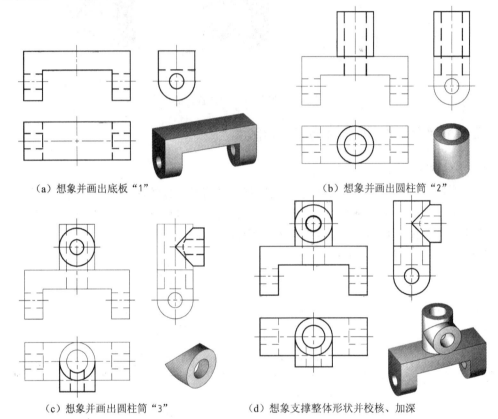

（a）想象并画出底板"1"　　　　　　　　　　（b）想象并画出圆柱筒"2"

（c）想象并画出圆柱筒"3"　　　　　　（d）想象支撑整体形状并校核、加深

图 5-24　补画支撑俯视图的过程

轴线为正垂线的圆柱孔与轴线为铅垂线的圆柱孔正贯（轴线垂直相交），垂直于正面的圆柱孔的直径小于铅垂的圆柱孔的直径，这从主视图、左视图中的孔与孔的相贯线形式可以看出，由此可补画出"3"的俯视图。由于垂直于正面的圆柱高于底板，且在前方超出底板前表面，所以在俯视图中底板前表面在此圆柱的投影范围内的轮廓线应为虚线。

（3）如图 5-24（d）所示，根据底板和两个圆柱体以及几个孔的形状与位置，可以想象出这个支撑的整体形状。经认真检查校核底稿后，按规定线型加深各图线即完成该题。

2. 线面分析法

在阅读比较复杂组合体的视图时，通常在运用形体分析法的基础上，对不易看懂的局部，还要结合线面的投影分析，如分析立体的表面形状、表面交线、面与面之间的相对位置等，来帮助看懂和想象这些局部的形状，这种方法称为线面分析法。对于切割式组合体，主要用线面分析法读图。其读图步骤如下：

（1）抓外框想原始形状：根据视图外框想象尚未切割的原始基本形体；

（2）对投影确定截面位置：通过分析视图中图线、线框的多面投影确定所截平面的位置；

（3）弄清切割过程，想象物体形状。

【例5-6】 读懂图5-25（a）所示三视图，想象出物体的形状。

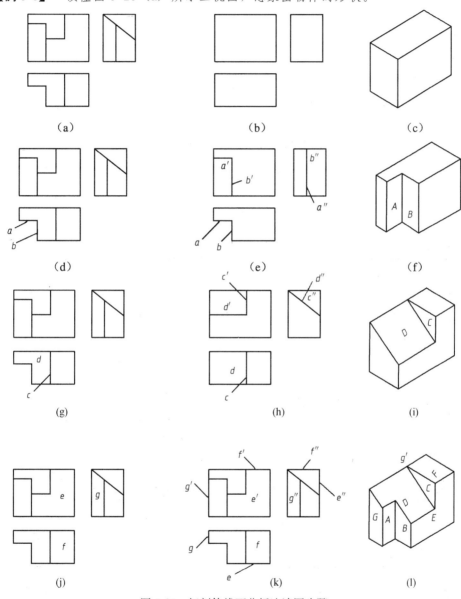

图5-25 切割体线面分析法读图步骤

分析：读图步骤如下：

（1）观察三视图外框，补齐后都是矩形，可知未切割前的原始形体为长方体。如图5-25（b）所示。

（2）分析图线 A、B，找到它们对应的其他投影，可判断出 A、B 线分别表示正平面和侧平面，如图5-25（d）～（f）所示。分析图线 C 和线框 D，找到它们对应的其他投影，可判断出 C 表示侧平面，D 表示侧垂面，如图5-25（g）～（i）所示。分析线框 E'、

F'、G'，找到它们对应的其他两投影，可知它们表示长方体切割后留下的部分表面，如图 5-25（j）和（k）所示。

（3）综上所述，物体的形状如图 5-25（l）所示。

【例 5-7】　如图 5-26 所示，由压板的主视图和俯视图想象出它的整体形状，并画出左视图。

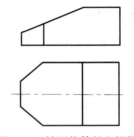

分析：对照压板的主视图、俯视图，可看出压板是由长方体经过切割得到的，属切割式组合体。由图 5-27（a）的俯视图可知，立体具有前后对称结构。如图 5-27（b）所示，添画出表示长方体外轮廓的双点画线，并补画出该长方体的左视图。

图 5-26　补画物体的左视图

在图 5-27（c）所示的主视图的左上角有一条斜线，对应着俯视图是一个六边形，说明该压板被一个正垂面切割去了左上角，据正垂面的投影特性补画出侧面投影的六边形。

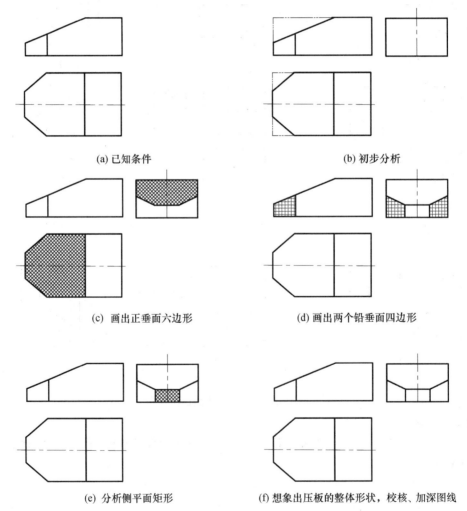

(a) 已知条件　　　　　　　　　　　　　(b) 初步分析

(c) 画出正垂面六边形　　　　　　　　　(d) 画出两个铅垂面四边形

(e) 分析侧平面矩形　　　　　　　(f) 想象出压板的整体形状，校核、加深图线

图 5-27　求作压板左视图的过程

再根据主视图中的一个四边形对应着俯视图中的两条前后对称的斜线，可分析出压板的左侧前后角被两个对称的铅垂面切割，由此补画出它们的具有类似形（四边形）的侧面投影，如图 5-27（d）所示。在图 5-27（e）中的主视图左边有一条直线，对应着俯视图也是一条直线，从正面和侧面投影来判断，它可能是一条侧平线，也可能是一个侧平面。那么如何确定呢？由前面的分析可知，六边形正垂面的左边是一条正垂线，对称的四边形的左边是两条铅垂线，因此可断定压板的左端是由一条正垂线和一条铅垂线构成的一个矩形侧平面。这个侧平面的侧面投影已在前几步作图中画出。完成后的左视图如图 5-27（f）所示。

第四节　组合体的尺寸标注

一、标注尺寸基本要求

视图只能表达组合体的形状，各种形体的真实大小及其相对位置要通过标注尺寸才能够确定。标注组合体尺寸的基本要求是：

1. 正确

标注尺寸必须符合《机械制图》国家标准的规定。

2. 完整

所注尺寸应能完全确定物体的形状和大小，既不重复，也不遗漏。

3. 清晰

尺寸布置应清晰，便于标注和看图。

4. 合理

尺寸标注应尽量考虑到设计与工艺上的要求。

二、组合体的尺寸标注

1. 尺寸种类

（1）定形尺寸

确定组合体各组成部分形状和大小的尺寸，如图 5-28（a）所示。

（2）定位尺寸

确定组合体各组成部分之间相对位置的尺寸，如图 5-28（b）所示。

（3）总体尺寸

确定组合体外形总长、总宽、总高的尺寸，如图 5-28（c）所示。

2. 组合体的尺寸基准

标注尺寸的起始位置称为尺寸基准。组合体有长、宽、高三个方向的尺寸，每个方向至少应有一个尺寸基准。一般的，选取组合体的底面、对称平面、端面及主要轴线作为尺寸基准。图 5-28（d）是一个支架的立体图，通过形体分析可看出它由三部分组成：底板、竖板和肋板。它在长度方向具有对称平面，在高度方向具有能使立体平稳放置的底面，在宽度方向上底板和竖板的后表面平齐（共面）。因此，选取对称平面为长度方向的尺寸基准，底面作为高度方向的尺寸基准，平齐的后表面作为宽度方向的尺寸基准。

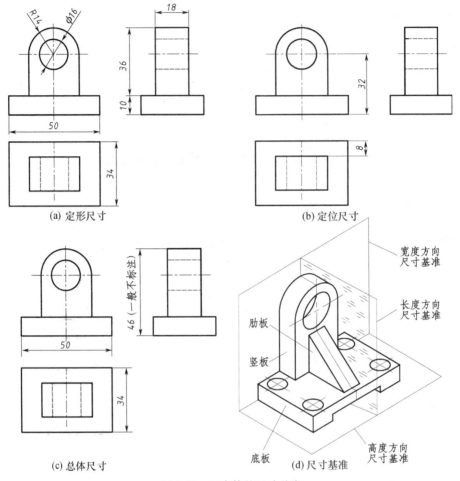

(a) 定形尺寸

(b) 定位尺寸

(c) 总体尺寸

(d) 尺寸基准

图 5-28 组合体的尺寸种类

3. 标注组合体尺寸的方法和步骤

下面以图 5-29 为例来说明标注组合体尺寸的方法与步骤。

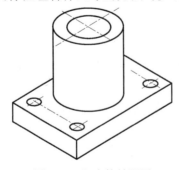

图 5-29 组合体轴测图

（1）形体分析

该组合体可分解为底板和圆筒两个基本形体。

（2）标注各基本形体的定形尺寸

底板的定形尺寸如图 5-30 所示，圆筒的定形尺寸如图 5-31 所示。

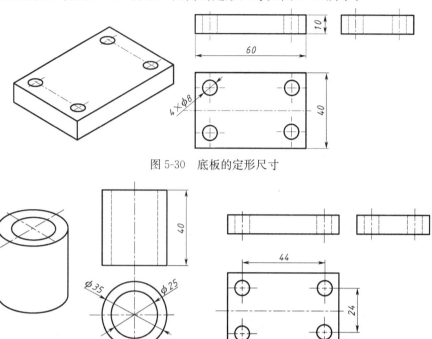

图 5-30　底板的定形尺寸

图 5-31　圆筒的定形尺寸　　　　　图 5-32　底板的定位尺寸

（3）确定组合体的尺寸基准，标注定位尺寸

组合体有长、宽、高三个方向的基准，长度方向对称，以圆筒的中心线为基准；宽度方向对称，以物体的前后对称面为基准；高度方向不对称，以底面为基准。图 5-32 所示的底板上孔的左右中心距为 44，前后中心距为 24，均为定位尺寸。

（4）调整尺寸，并标注总体尺寸

如图 5-33 所示，调整、标注总体尺寸，总高为 50，总宽为 40，总长为 60。

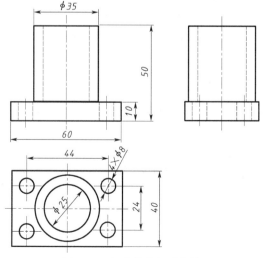

图 5-33　组合体的尺寸标注

（5）检查尺寸标注是否正确、完整。

4．标注组合体尺寸的注意事项

（1）组合体的端部都是回转体时，该处的总体尺寸一般不直接注出，如图 5-34 所示。

（2）对称的定位尺寸应以尺寸基准对称面为对称直接注出，不应在尺寸基准两边分别注出，如图 5-35 所示。

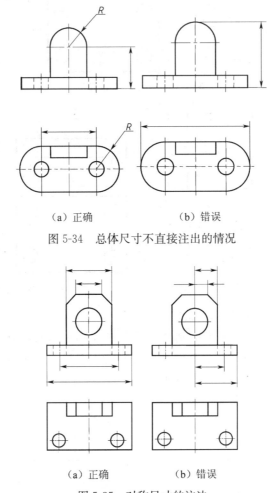

（a）正确　　　　　　　（b）错误

图 5-34　总体尺寸不直接注出的情况

（a）正确　　　　　　　（b）错误

图 5-35　对称尺寸的注法

（3）回转体的直径尺寸一般标注在非圆视图上，如图 5-33 中的 $\phi 35$，但半径尺寸必须标注在投影为圆弧的视图上。同方向的平行尺寸排列要整齐，且应小尺寸在里，大尺寸在外，避免尺寸线和尺寸界线相交，如图 5-33 中的 10、50、24、40。

（4）应将多数尺寸布置在视图外面，个别较小的尺寸宜注在视图的内部，如图 5-33中的 $\phi 25$；与两视图有关的尺寸最好注在两视图之间，如图 5-33 中的 60、44、10、50 等。

【例 5-8】　正确标注图 5-36 所示常见图形的尺寸。

分析：这三个物体的主视图基本相同，且虚线都在主视图上，所以为使看图清晰，同时反映物体的形体特征，除了高度方向的尺寸外，其他尺寸都集中标注在俯视图上。

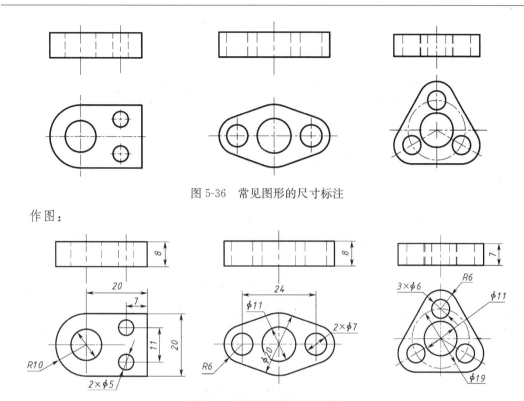

图 5-36　常见图形的尺寸标注

作图：

图 5-37　常见图形的尺寸标注

第六章　机件常用表达方法

【知识目标】

掌握视图、剖视图、断面图的概念、画法及其标注方法。

【能力目标】

1. 能正确绘制各种视图。

2. 能按要求改画剖视图、断面图。

3. 能较快识别表达方案中的表达方法。

机件（包括零件、部件和机器）的形状结构是多种多样的，有时还很复杂，仅靠前面讲的三视图往往不能满足要求。为了能够使图形完整清晰地表达机件的形状和结构，便于画图与读图，《技术制图》、《机械制图》国家标准对零件的外部形状和内部结构规定了多种表达方法。本章介绍常用的一些表达方法。

第一节　视图

根据《机械制图　图样画法　视图》（GB/T 4458.1—2002）的规定，视图通常包括基本视图、向视图、局部视图和斜视图四类。视图主要表达机件的外部形状，在表达清楚的前提下可以只画机件的可见部分，必要时才画不可见部分。

一、基本视图

当机件的形状较复杂时，仅用主、俯、左三个视图不能完全表达其形状和结构，则需在原有三个投影面的基础上，增加三个投影面，即把正六面体的六个面作为基本投影面，将机件放置于空的正六面体内，如图 6-1 所示，然后分别向六个基本投影面投射，得到六个基本视图：主视图、俯视图、左视图、仰视图（自下向上投射）、右视图（自右向左投射）和后视图（自后向前投射）。

各基本投影面的展开方法如图 6-2 所示。正面不动，其他投影面按图 6-2 所示方向旋转到与正面位于同一平面处。展开后如图 6-3 所示。

分析可得六个基本视图有以下投影规律：

（1）六个基本视图的尺寸关系仍然保持"长对正、高平齐、宽相等"，即主视图、俯视图、仰视图、后视图"长对正"；主视图、左视图、后视图、右视图"高平齐"；俯视图、左视图、仰视图、右视图"宽相等"。

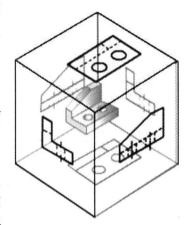

图 6-1　六个基本投影面

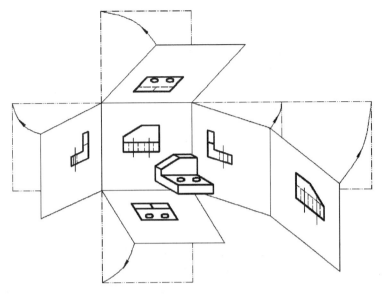

图 6-2　六个基本投影面的展开

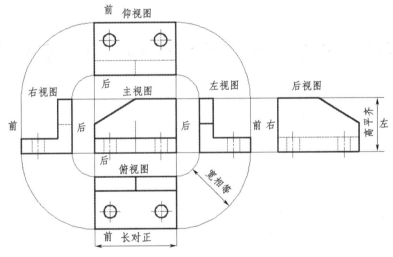

图 6-3　六个基本视图的配置

（2）六个基本视图的配置，反映了零件的上下、左右、前后的位置关系，如图 6-3 所示。视图间的方位关系要特别注意：左、右、俯、仰四个视图，它们靠近主视图的一侧反映零件的后面，远离主视图的一侧，都反映零件的前面。另外，后视图因旋转 180°，其左、右分别表示机件的右、左。

（3）在实际使用时，并不是所有的机件都需要同时选用六个基本视图，这要根据机件本身的形状特征来选用其中的几个视图（主视图必须有），能清楚表达就可以了。

（4）如按图 6-3 中所示位置配置，一律不标注视图的名称（注：编者写出来名称是为了方便读者了解投影规律）；若不按图 6-3 位置配置，必须进行标注，标注的方法如图 6-4 所示。

二、向视图

向视图是不按图 6-3 位置配置而自由配置的视图，如图 6-4 中的 *D*、*C*、*B*、*E* 图形。

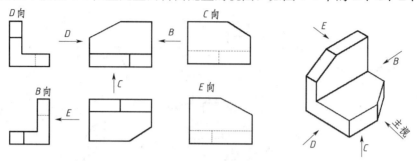

图 6-4   向视图及其标注

基本视图是按规定位置配置的，向视图是按需要灵活移位配置的基本视图，是基本视图的另一种表达方法。其画法与标注如图 6-4 所示，在相应视图的相关部位用箭头指明投影方向并标上大写字母，然后在对应视图的上方标注"×向"，注意字母要一致。图 6-4所示 *D* 向是左视图、*C* 向是仰视图、*B* 向是右视图、*E* 向是后视图。（注：箭头尽量标注在主视图四周。）

三、局部视图

将机件的某一部分向基本投影面投影所得视图称为局部视图。

如图 6-5 所示机件，已画出主、俯视图，底板和圆柱形立柱已表达清楚，只是左、右两个凸台尚未表达清楚，若再画左视图虽然能表达左凸台的形状，但底板和立柱重复表达，所以没必要再画出整个机件的左视图。为此，将左凸台向基本投影面投射，只画出基本视图的一部分，即左凸台采用了局部视图；同理，右凸台也采用局部视图表达。如此可见不仅省略了机件的左视图，也使表达方案简洁清晰，重点突出，画图简便。

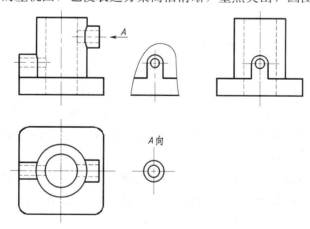

图 6-5   局部视图

1. 局部视图的画法

局部视图是假想从完整的图形中与相邻的其他部分断裂，断裂处应以波浪线或双折线表示。波浪线应不超出假想断裂机件的轮廓线，且画在机件的实体处，空心处不画。当局部视图的外形轮廓线封闭，则不必画出断裂边界线，如图6-5中A向局部视图所示。

2. 局部视图的标注

（1）局部视图一般按投影关系配置，若与相应的另一视图之间无其他图形隔开，则不必标注，如图6-5中左凸台的局部视图所示。

（2）局部视图也可以配置在其他位置，但要标注，即在相应视图合适位置用箭头指明投影方向并注上大写字母，然后在对应视图上方标注"×向"。如图6-5中A向局部视图所示。

【例6-1】　完成图6-6（a）中A向局部视图。

分析： 局部视图是假想左边与右边断裂，中间用波浪线为界，因为按投影关系配置，标注可省略。

作图步骤如下：

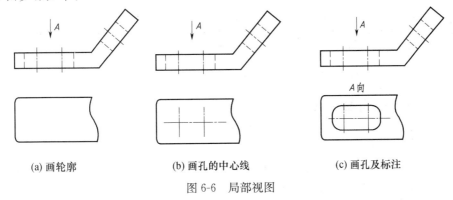

(a) 画轮廓　　　　　　(b) 画孔的中心线　　　　　　(c) 画孔及标注

图6-6　局部视图

四、斜视图

将机件向不平行于任何基本投影面的平面投影所得的视图称为斜视图。斜视图用于表达机件倾斜结构表面的实形。

如图6-7所示机件右侧板的倾斜表面为正垂面，在俯视图和左视图上它们都不能反映实形。为了反映实形，可向与右侧板斜表面垂直的方向投影，投影在与斜表面平行的平面上，然后将投影面旋转到与其垂直的基本投影面重合的位置，则得到了反映机件倾斜表面实形的斜视图。

1. 斜视图的画法

斜视图一般只要求表达倾斜部分的形状，因此斜视图的断裂边界线也以波浪线或双折线绘制。

2. 斜视图的标注

斜视图是局部倾斜结构的视图，一般按投影关系配置，并用箭头加注大写字母表示投影方向，在斜视图的上方注出"×向"（如图6-7中A向），必要时也可以配置在其他适当位置。在不致引起误解的基础上，允许将图形旋转，并标注"×向旋转"或标"×向"再加上表示旋转方向的箭头，如图6-7所示。

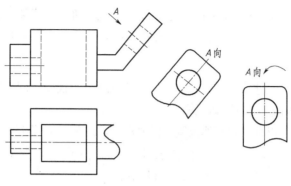

图 6-7　斜视图

第二节　剖视图

视图中不可见的内部结构用虚线表示，当机件内部形状较为复杂时就会出现较多虚线，这不但影响图形的清晰，也给看图、读图和尺寸标注带来困难，为此国标图样画法规定用剖视图表达机件内部结构的形状。

一、剖视图的基本概念

1. 剖视图的形成

如图 6-8 所示，假想用剖切面将机件剖开，将处在观察者和剖切平面之间的部分移去，而将剩余部分向投影面投射所得到的图形称为剖视图，简称剖视。

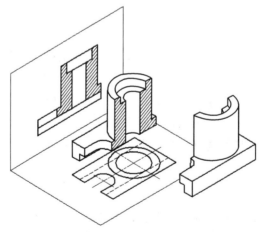

图 6-8　剖视的概念

如图 6-9（a）和（c）所示分别为机件的视图和剖视图，通过比较，采用剖视后，机件内部不可见部分变为可见，用粗实线画出，省略了原来对应的虚线，这样图形清晰，便于读图和画图。

2. 剖视图的画法

如图 6-9（b）所示，画剖视的具体步骤如下：

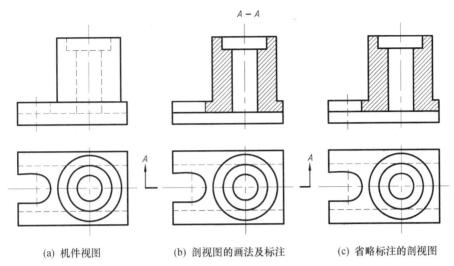

(a) 机件视图　　　　　　(b) 剖视图的画法及标注　　　　(c) 省略标注的剖视图

图 6-9　机件视图与剖视图的比较

（1）剖切面的位置。为了清晰地表达机件内部的真实形状，剖切面一般平行于相应的投影面，并通过机件孔、槽的轴线或与机件的对称平面重合。

（2）画剖视图的轮廓。用粗实线画出剖切平面剖切机件实体部分所得到的截断面的轮廓和剖切平面后面可见结构的轮廓。

（3）画剖面符号。剖视图中，剖切平面与机件实体相交的部分称为断面，断面的投影称为剖面，据国标规定，断面内应画剖面符号。为使图形更有层次感，在剖面区域内画出与机件材料相应的剖面符号，见表 6-1。

表 6-1　材料的剖面符号

材料名称	剖面符号	材料名称	剖面符号
金属材料 （已有规定剖面符号者除外）		混凝土	
非金属材料 （已有规定剖面符号者除外）		液体	
型砂、填砂、粉末冶金、砂轮、 陶瓷刀片、硬质合金刀片等			
玻璃及供观察用的 其他透明材料		砖	
木质胶合板		木材纵剖面	

金属材料的剖面符号应画成与水平成 $45°$ 的一组等间隔的平行细实线（称为剖面线）。同一张图样上，同一机件的剖面线应方向一致，间隔相等。当图形的主要轮廓线或剖面区域的对称线与水平成 $45°$ 或接近 $45°$ 时，其剖面线应画成与水平成 $30°$ 或 $60°$，但二者的倾斜趋势应相同，其余图的剖面线方向仍为 $45°$。

3. 剖视图的标注

为了便于找出剖视图与其他视图的投影关系，一般应在剖视图上方标注剖视图的名称"×-×"，在相应的视图上标注以下三要素，如图 6-9（b）所示。

（1）剖切符号。代表剖切面起、迄和转折位置，用粗实线的短划表示，线宽为 1～1.5d，线长约为 5 mm，剖切位置尽量不与图形的轮廓线相交。

（2）箭头。箭头指明投影的方向，且画在起、迄处剖切符号的两外端，并与之垂直。

（3）字母。在视图剖切符号附近注上大写的拉丁字母，字母应一致，并一律水平书写。

当单一剖切面通过机件的对称平面剖切时，若视图与剖视图之间按投影关系配置且无其他图形隔开，可省略标注。

4. 剖视图的注意事项

（1）因剖视图是假想将机件剖开而未真正剖开，所以其他视图仍然完整画出。

（2）剖视图中必须画出剖切面后面可见部分的全部投影（注：若改画俯视图则画剖切面下面可见的全部投影，若改画左视图则画剖切面右面可见的全部投影），切不可漏画台阶面或内表面交线的投影。这些投影也叫孔后线，有无孔后线取决于机件的结构。如图 6-10 所示。

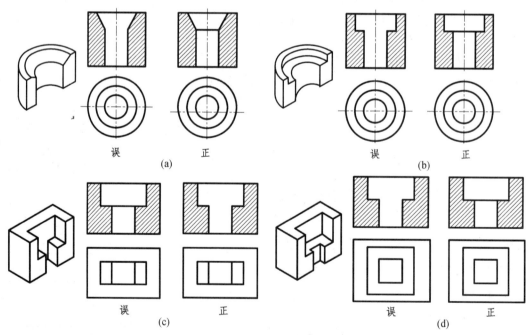

图 6-10　剖视图中孔后线的正误对照

（3）采用剖视图后，机件的内部结构已表达清楚，该部分结构的其他视图中对应的虚线可省略。

（4）剖视图可按基本视图的规定配置，必要时可配置在其他适当位置。

【例 6-2】　将图 6-11（a）中的主视图改画为全剖视图。

分析：无论画什么剖视，都只画剖切面经过所形成的线（即断面轮廓），还要画剖切面后面可见的轮廓线。

作图步骤如下：

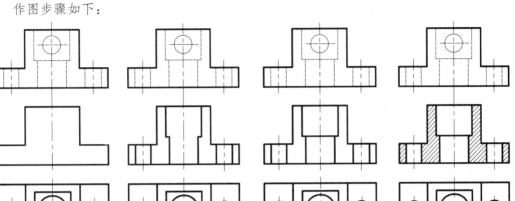

(a) 主、俯视图　　(b) 画剖切面经过所形成的线　(c) 画剖切面后面可见轮廓线　　　(d) 实心处画剖面线

图 6-11　主视图改画为剖视图的作图过程

二、剖视图的分类

由于机件结构的不同，导致剖切面的数量及剖切面的组合方式也不同，则剖切方法分为单一剖切平面剖切、几个平行的剖切平面剖切、几个相交的剖切平面剖切。

1．单一剖切面

（1）单一剖切面平面剖切的全剖视图

用剖切平面完的剖开机件所得的剖视图称为全剖视图。如图 6-9（b）和（c）中的主视图及图 6-12 中的左视图、俯视图都是用单一剖切平面剖切机件的全剖视图。全剖视图用于外形较简单、内部形状较复杂的不对称机件。

国标规定，当肋板、薄壁等在纵剖（剖切平面通过其对称平面）时不画剖面线，但周围轮廓要用粗实线封闭；横剖（剖切平面垂直其对称平面）时必须画出剖面线。如图 6-12 所示，左视图中肋板被纵剖，不画剖面线；俯视图中肋板被横剖，画出了剖面线。

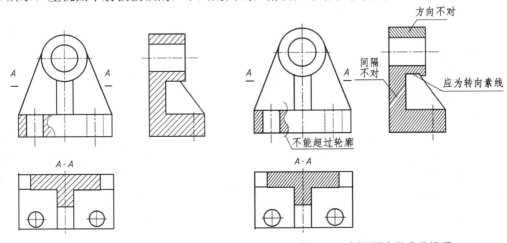

图 6-12　轴承座的全剖视图及肋板的规定画法　　　　图 6-13　剖视图中的常见错误

另外剖视图中的常见错误如图 6-13 所示：

① 同一机件几个剖视图中剖面线的方向不同，应方向一致。

② 同一机件几个剖视图中剖面线的间隔也不同，应间隔相等。

③ 肋板剖切后与主体结构的分界线应在剖切平面与该结构的相交处。

（2）单一剖切平面剖切的半剖视图

当机件具有对称平面时，在垂直对称平面的投影面上投影所得的图形，可以以对称中心线为界，一半画成剖视，一半画成视图，这种组合的图形称为半剖视图。如图 6-14 所示，若主视图采用全剖，虽清楚地表达了机件的内部形状，但前面的 U 形凸台被剖切掉而没被表达出来；若采用半剖视图，将对称线左边一半画成视图，右边一半画成剖视（注：哪边画视图或剖视可任意选择），则内外形状几乎都得以兼顾。读者可利用这种对称的特点由半个视图想象机件的外部形状，由半个剖视想象机件的内部形状。同理，俯视图也采用了半剖视图，既表达了 U 形凸台上小孔与机件大孔的连通关系，又将上面方板的形状和孔的分布情况表达清楚了。由此可知，半剖视图适用于内外形状都需表达且结构对称的机件。

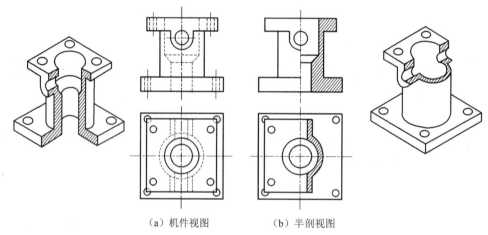

（a）机件视图　　　　　（b）半剖视图

图 6-14　半剖视图

画半剖视图时应注意的事项：

① 半剖视图中，半个视图与半个剖视图的分界线应画成点画线，而不是粗实线。

② 半剖视图中，机件的内部形状已由半个剖视图表达清楚的部分，在另半个视图中对应部分的虚线不需画出。

（3）单一剖切平面剖切的局部剖视图

用剖切平面局部的剖开机件所得的剖视图为局部剖视图。局部剖视图与外形图的分界线为波浪线。如图 6-15 所示，机件的内外结构都需表达，若采用全剖，则既不能完整表达内部形状，也不能完整表达外部形状；同样，因结构不对称也不能采用半剖。若在俯视图中采用的剖切平面为两个互相平行的正平面 B-B 组合而成，成阶梯状，同时主视图也保留一部分外形，则机件的内外形状都表达清楚了，此表达方法称为阶梯剖视的局部剖视图（阶梯剖后面将会专题讲解）。同样，为了表达前面凸台上的小圆孔与主体圆筒上的大圆孔的连接关系，俯视图也采用了一处局部剖视。由此可见，局部剖视图用于内外形状都需表达，但机件又不对称或机件的某一局部结构需要剖开时采用。局部剖视表达比较灵活，但要注意同一视图不宜过多地采用局部剖，免得剖切凌乱，影响读图。

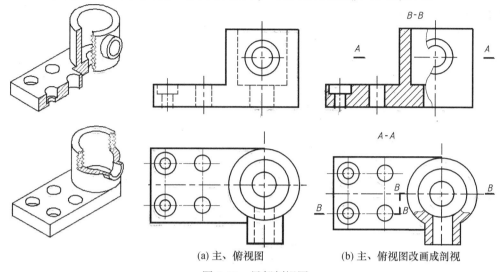

(a) 主、俯视图　　　　　　　(b) 主、俯视图改画成剖视

图 6-15　局部剖视图

机件的内外形状都表达清楚了，此表达方法称为阶梯剖视的局部剖视图。

画局部剖视图应注意的事项：

① 局部剖视图中，视图与剖视的分界线为波浪线，波浪线表示实体断裂面的投影，不应与图样的其他图线重合，也不应出界，如图 6-16 所示。

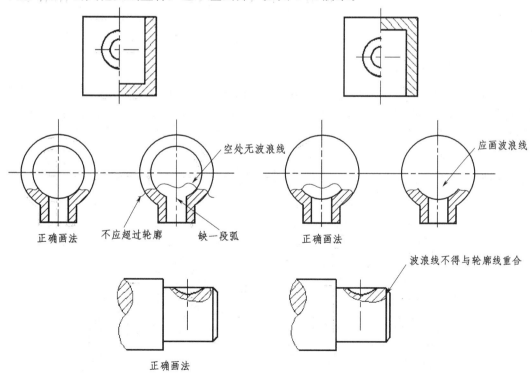

图 6-16　局部剖视图中常见错误

② 当对称机件在对称中心线处有图线而不方便采用半剖视图时，应采用局部剖视图，

如图 6-17 所示。当被剖切的局部结构为回转体时，允许该结构的中心线作为局部剖视与视图的分界线，如图 6-18 所示。

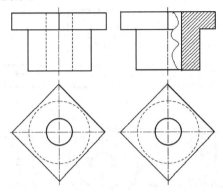

图 6-17 不宜采用半剖视图

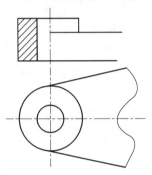

图 6-18 可用中心线代替波浪线

2. 几个平行的剖切平面（阶梯剖）

用几个平行的剖切平面剖开机件的方法称为阶梯剖，适用于内部有较多不同结构形状需要表达，而它们的中心线又不在同一个平面上但中心线相互平行的机件采用。如图 6-19 所示，机件的左边前后凸台上各开的小孔、底板中间的两个长圆孔及右边圆筒的内孔，若用一个平面三种孔都不能全部切到，所以采用三个平行的平面 A-A 剖切，将三个剖切平面剖切到的及其后面可见的结构同时画到一个剖视图里，即阶梯剖视图。这样，

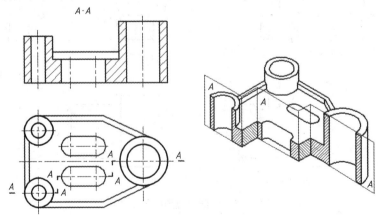

图 6-19 阶梯全剖

虽只画了一个剖视图却同时清晰地表达了不在同一层次上的不同结构。

画阶梯剖视图需注意：

（1）要正确选择剖切平面的位置，在图形内不能出现不完整的要素，如图 6-20 所示。

（2）剖切平面的转折处不能与零件的轮廓线重合；剖视图中，不画出平行剖切平面转折处的投影，转折平面应与剖切平面垂直，如图 6-20 所示。改正后的正确画法如图 6-21 所示。

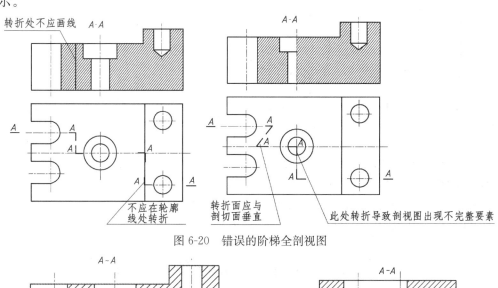

图 6-20　错误的阶梯全剖视图

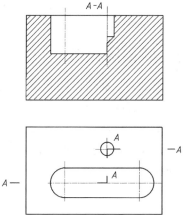

图 6-21　正确的阶梯全剖视图　　　　图 6-22　具有公共对称中心线的剖视图

（3）当机件上的两要素在图形中具有公共对称中心线或轴线时，可以各画一半，以对称中心线或轴线为界。如图 6-22 所示。

（4）阶梯剖视必须标注，标注方法如图 6-19、图 6-21 所示。转折处的位置狭小时，字母可省略。

3．几个相交的剖切面（旋转剖）

对于整体或局部具有回转轴线、内部结构分布在两相交平面上的机件，可采用几个相交的剖切平面剖切，如图 6-23 所示。应该注意，画这种剖视是先假想按剖切位置剖开机件，然后被剖切面剖开的结构及其相关部分绕轴线旋转到与选定的投影面平行再进行投影，即"先剖、后转、再投影"。

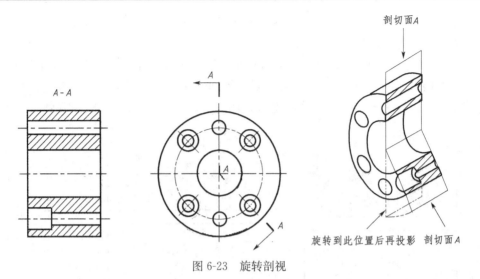

图 6-23 旋转剖视

用几个相交的剖切平面剖切所得的剖视图必须加以标注，在剖切面的起、迄、相交和转折处均画出剖切符号并标注字母。相交和转折处剖切符号的夹角由要表达结构的中心线之间的角度决定，相交或转折处的位置狭小时，字母可省略。只有当剖视图按投影关系配置，中间又没有其他图形隔开时，才可省略箭头。

第三节 断面图及局部放大图

一、断面图概念

假想用剖切平面将机件的某处切断，仅画出该剖切面与机件接触部分（断面）的图形称为断面图，又叫剖面图。

断面图图形简洁、重点突出，常用来表达轴上的键槽、销孔等结构，还用来表达机件的肋、轮辐及型材、杆件的断面形状。如图 6-24 所示两个断面图分别表达了轴上键槽和通孔的深度及断面形状。

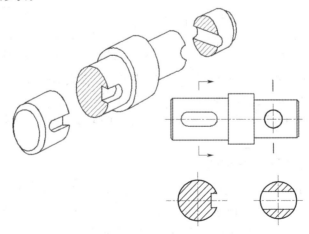

图 6-24 断面图（剖面图）的形成

二、断面图与剖视图的区别

剖面图只画出断面的形状，而剖视图不仅画出断面的形状，还画出了剖切平面后面可见的轮廓线。如图 6-25 所示。

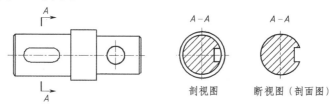

图 6-25　断面图与剖视图的区别

三、断面图的分类

按绘制的位置不同，断面图分为移出断面图和重合断面图。

1. 移出断面

画在视图轮廓之外的断面图称为移出断面图。移出断面图的轮廓线用粗实线绘出，通常配置在剖切线的延长线上，可不必标出字母，如图 6-24 所示；也可配置在其他适当位置，此时必须标注，如图 6-25 所示，标注方法与剖视图基本相同。当断面不是对称图形时，必须标注投影方向；当断面对称时，不必标注投影方向。

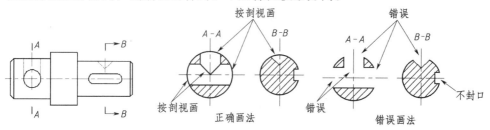

图 6-26　断面图的标注和规定画法

画移出断面图的注意事项：

（1）当剖切平面通过回转面形成的孔或凹坑的轴线时，这些结构按剖视绘制。如图 6-26 所示。

（2）当剖切平面通过非圆孔，会导致出现完全分离的两个断面时，则此结构按剖视绘制。如图 6-27 所示。

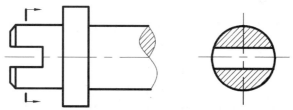

图 6-27　断面图的规定画法

【例 6-3】　画出图 6-28 所示物体的 $A\text{-}A$ 移出剖面图。

分析：画断面图时，只画剖切面经过所形成的线（即断面轮廓），遇到以上三种特殊情况才按剖视处理。此题出现了圆柱孔，需要特殊处理；但键槽不属于特殊情况，不需做特殊处理。

作图步骤如下：

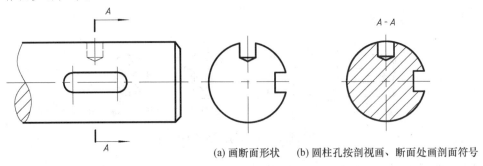

(a) 画断面形状　　(b) 圆柱孔按剖视画、断面处画剖面符号

图 6-28　移出剖面的画法过程

2. 重合断面

画在视图轮廓内的断面称为重合断面图，如图 6-29 所示。当断面形状简单，且不影响图形清晰的情况下才采用重合断面图。

重合断面图的轮廓线用细实线绘制。当视图中的轮廓线与重合断面图的图形重叠时，视图中的轮廓线仍连续画出，不可间断，如图 6-29 所示。

配置在剖切符号上的不对称重合断面图不必标注字母，如图 6-29 所示。

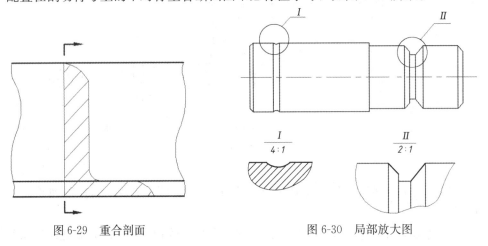

图 6-29　重合剖面　　　　　　图 6-30　局部放大图

四、局部放大图

当机件上的某些细小结构在原图形中表达不清楚或不便于标注尺寸时，可采用局部放大图。将机件的部分结构用大于原图形所采用的比例画出的图形，称为局部放大图。图形可画成视图、剖视和断面图，它与被放大的形式无关。

绘制局部放大图时，一般应用细实线圆圈出被放大部分的部位，并尽量配置在被放大部位的附近。当同一机件有几个被放大的部分时，应用罗马数字依次标明被放大的部位，并在局部放大图上方标注相应的罗马数字和所采用的比例，如图 6-30 所示。若机件只有一处需放大，则局部放大图的上方只需注明采用的比例。局部放大图的比例是指该图形中机件要素的线性尺寸与实际机件相应要素的线性尺寸之比，而与原图形所采用的比例无关。

第七章 标准件与常用件

【知识目标】

1. 掌握螺纹及螺纹连接件的结构要素及其规定画法和标记。
2. 掌握化工设备常用的零部件的作用、特点及规定标记。

【能力目标】

熟练选用螺纹连接件并按规定画出连接图和进行标记。

　　在机器或部件中，除一般零件外，还广泛使用螺栓、螺钉、螺母、垫圈、键、销和滚动轴承等零件，这类零件的结构和尺寸均已标准化，称为标准件；还经常使用齿轮、弹簧等零件，这类零件的部分结构和参数也已标准化，称为常用件。由于标准化，这些零件可组织专业化大批量生产，提高生产效率和获得质优价廉的产品。在进行设计、装配和维修机器时，可以按规格选用和更换。

　　本章介绍标准件与常用件的基本知识、规定画法、代号与标记以及相关标准表格的查用。

第一节 螺纹及螺纹连接

一、螺纹的形成与五要素

1. 螺纹的形成

　　螺纹是在圆柱或圆锥表面上沿着螺旋线所形成的具有相同轴向剖面的连续凸起和沟槽。在圆柱或圆锥外表面形成的螺纹称为外螺纹，在圆柱或圆锥内表面形成的螺纹称为内螺纹。

　　螺纹的加工方法很多，如图 7-1（a）所示表示在车床上车削外螺纹的情况；车削内螺纹也可以在车床上进行，如图 7-1（b）所示。

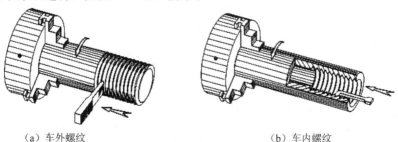

（a）车外螺纹　　　　　　　　　　　　　（b）车内螺纹

图 7-1　螺纹的加工方法

2. 螺纹五要素

螺纹的五要素包括牙型、直径、螺距与导程、线数、旋向。

（1）螺纹牙型

在通过螺纹轴线的剖面上得到的螺纹的轮廓形状称为螺纹牙型，如图 7-2 所示。常见的螺纹牙型有三角形、梯形、锯齿形和矩形等。

牙型上向外凸起的尖端称为牙顶，向里凹进的槽底称为牙底，如图 7-3 所示。

（2）公称直径

螺纹的直径有三个：大径、小径和中径。外螺纹分别用 d、d_1 和 d_2 表示，内螺纹分别用 D、D_1 和 D_2 表示，如图 7-3 所示。

大径 D（d）：即与外螺纹的牙顶或内螺纹的牙底相重合的假想圆柱面的直径。公称直径是代表螺纹尺寸的直径，一般指螺纹大径。

小径 D_1（d_1）：即与外螺纹牙底或内螺纹牙顶相重合的假想圆柱面的直径。

中径 D_2（d_2）：即母线通过牙型上沟槽和凸起宽度相等处的假想圆柱面的直径。

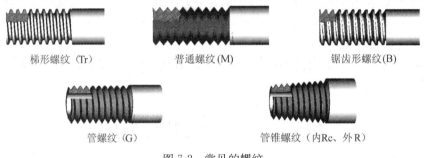

梯形螺纹（Tr）　　　普通螺纹(M)　　　锯齿形螺纹(B)

管螺纹（G）　　　管锥螺纹（内Rc、外R）

图 7-2　常见的螺纹

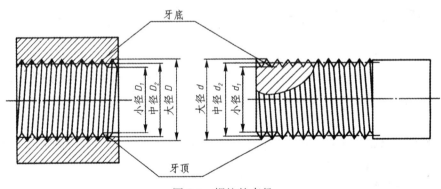

图 7-3　螺纹的直径

（3）线数 n

螺纹有单线和多线之分，沿一条螺旋线形成的螺纹称为单线螺纹，如图 7-4（a）所示，沿两条或两条以上螺旋线形成的螺纹称为多线螺纹，如图 7-4（b）所示。

（4）螺距（P）与导程（S）

螺距（P）是指相邻两牙在中径线上对应两点间的轴向距离，导程（S）是指同一条螺旋线上的相邻两牙在中径线上对应两点间的轴向距离。单线螺纹的导程等于螺距；多线螺纹的导程等于螺距乘以线数，即 $S = n \cdot P$。

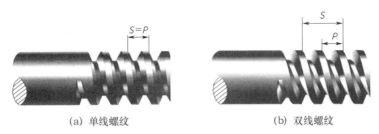

(a) 单线螺纹　　　　　　　　　　　　(b) 双线螺纹

图 7-4　单线螺纹与多线螺纹

（5）旋向

螺纹有右旋和左旋之分。顺时针方向旋入的螺纹或将外螺纹轴线垂直放置，螺纹的可见部分左低右高者为右旋螺纹，反之为左旋螺纹。如图 7-5 所示。

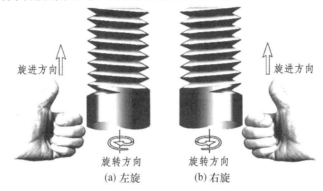

(a) 左旋　　　　　　(b) 右旋

图 7-5　右旋螺纹和左旋螺纹

螺纹由牙型、直径、螺距与导程、线数、旋向五要素所确定，只有这五要素都相同的内、外螺纹才能相互旋合。凡是牙型、直径和螺距符合标准的螺纹，称为标准螺纹；牙型符合标准，而直径或螺距不符合标准的，称为特殊螺纹；牙型不符合标准的，称为非标准螺纹。

二、螺纹的规定画法、种类和规定标记

1. 螺纹的规定画法

（1）内、外螺纹的画法

在垂直于螺纹轴线的投影面的视图上，牙顶圆的投影用粗实线绘制，牙底圆用细实线画约 3/4 圈。在比例画法中，螺纹小径可按大径的 0.85 倍绘制。在平行于螺纹轴线的投影面的视图上，螺纹的牙顶和螺纹终止线用粗实线绘制，牙底用细实线绘制。此时，螺杆的倒角或倒圆部分的牙底细实线也应画出。当内螺纹为不可见时，螺纹的所有图线均用虚线绘制，如图 7-6 所示。

（2）内、外螺纹旋合的画法

在螺纹连接中，内、外螺纹旋合的部分应按外螺纹的画法绘制，其余部分仍按各自的画法绘制，如图 7-7 所示。应注意，必须内、外螺纹的所有参数相同时才能旋合在一起，所以相旋合的内、外螺纹牙顶和牙底的图线必须分别对齐。

2. 螺纹的种类

螺纹按其用途可分为连接螺纹和传动螺纹两类。常用标准螺纹的种类见表 7-1。

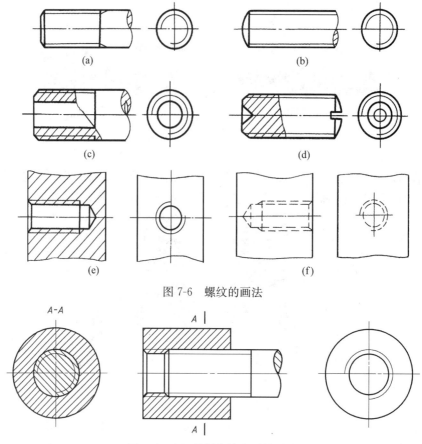

图 7-6 螺纹的画法

图 7-7 内、外螺纹旋合时的画法

表 7-1 常用螺纹的种类

类型			特征代号	说明
连接螺纹	普通螺纹	粗牙	M	最常用的一种连接螺纹，直径相同时，细牙螺纹的螺距比粗牙螺纹的螺距小，粗牙螺纹不标注螺距。
		细牙		
	管螺纹	非螺纹密封	G	管道连接中的常用螺纹，螺距及牙型均较小，近似等于管子的孔径；螺纹的大径应从有关标准中查找，代号 R 表示圆锥外螺纹，Rc 表示圆锥内螺纹，Rp 表示圆柱内螺纹。
		螺纹密封	Rc Rp R	
传动螺纹	梯形螺纹		Tr	常用的两种传动螺纹，用于传递运动和动力，梯形螺纹可传递双向动力，锯齿形螺纹用来传递单向动力。
	锯齿形螺纹		B	

此外，螺纹按其母体形状分为圆柱螺纹和圆锥螺纹；按其在母体所处位置分为外螺纹、内螺纹；按其截面形状（牙型）分为三角形螺纹、矩形螺纹、梯形螺纹、锯齿形螺纹及其他特殊形状螺纹，三角形螺纹主要用于连接，矩形、梯形和锯齿形螺纹主要用于传动；按螺纹的标准化程度则可分为标准螺纹和非标准螺纹。

3. 螺纹的规定标记

螺纹的规定画法是相同的，绘制螺纹图样时，国标规定用规定标记来加以区分。

（1）普通螺纹、梯形螺纹、锯齿形螺纹的规定标记

螺纹特征代号　公称直径×螺距或导程（P 螺距）旋向-公差带代号-旋合长度

规定标记的注意事项：

① 公称直径在此为螺纹的大径。

② 当螺纹的线数为单线时，螺距或导程（P 螺距）应书写螺距；若螺纹的线数为多线时，必须以导程（P 螺距）的形式标记。

③ 左旋螺纹以"LH"标记，右旋螺纹一般省略标记。

④ 公差带代号包括中径公差带代号和顶径公差带代号。外螺纹用小写字母表示，如 6h；内螺纹用大写字母表示，如 6H。如果中径公差带代号与顶径公差带代号相同，则只标注一个公差带代号。

⑤ 旋合长度分为三种，即短旋合长度（S）、中等旋合长度（N）、长旋合长度（L）。由于中等旋合长度应用较多，为了简化，可省略不注（N）。

标记示例：M10-5g6g 表示该螺纹为粗牙普通螺纹，公称直径为 10 mm，中径公差带代号为 5g，顶径公差带代号为 6g，中等旋合长度，右旋。

Tr24×10（P5）LH-7e-L 表示螺纹为双线梯形外螺纹，公称直径为 24 mm，导程为 10 mm，螺距为 5 mm，左旋，中径公差带为 7e，旋合长度为 L。

工程图样中，普通螺纹一般将螺纹标记以尺寸形式标注在螺纹大径上，如图 7-8 所示。

（2）管螺纹的规定标记

管螺纹分为用螺纹密封的管螺纹和非螺纹密封的管螺纹。规定标记为：

螺纹密封的管螺纹：

螺纹特征代号　尺寸代号-旋向代号

非螺纹密封的管螺纹：

螺纹特征代号　尺寸代号　公差带等级代号-旋向代号

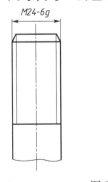
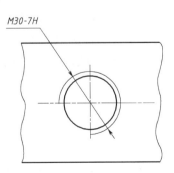

图 7-8　普通螺纹的标注

管螺纹标记的注意事项：

① 非螺纹密封的外管螺纹，公差等级代号分为 A、B 两级。

② 管螺纹的尺寸代号是管件孔径的近似值，而不是管螺纹的大径，作图时可根据其

代号在附录中查出螺纹的大径。其标注为用指引线从螺纹大径上引出标注，与其他螺纹标注不同。

标记示例：G1A-LH 表示管螺纹尺寸代号为 1，公差等级为 A 级，左旋外螺纹。

工程图样中，一般从螺纹的牙顶引线出来以管螺纹标记标注管螺纹，如图 7-9 所示。

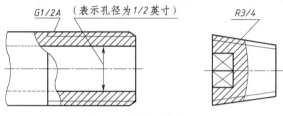

图 7-9　管螺纹的标注

三、螺纹连接的种类、规定标记和规定画法

螺纹连接件通常包括螺栓、螺钉、双头螺柱、螺母、垫圈等。常见的螺纹连接件如图 7-10 所示。通常根据螺纹连接件的主要尺寸和标记，在相应的标准手册即可查出该零件的样图及全部尺寸。

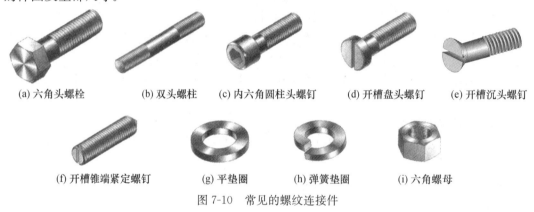

(a) 六角头螺栓　　　(b) 双头螺柱　　　(c) 内六角圆柱头螺钉　　　(d) 开槽盘头螺钉　　　(e) 开槽沉头螺钉

(f) 开槽锥端紧定螺钉　　　(g) 平垫圈　　　(h) 弹簧垫圈　　　(i) 六角螺母

图 7-10　常见的螺纹连接件

1. 螺栓连接的规定标记和规定画法

螺栓连接用于连接经常拆卸或被连接件不太厚工件的情况，如图 7-11 所示为螺栓连接的简化画法，其六角头螺栓头部和六角螺母上的截交线可省略不画。将两工件钻成通孔，装配时，先将螺栓的杆身穿过通孔（孔径约为螺纹直径的 1.1 倍，即 $1.1d$），套上垫片，拧上螺母。

螺栓长：

$$L = 工件厚(\delta_1 + \delta_2) + 垫片厚 h(0.15d) + 螺母厚 m(0.8d) + 伸出长度 a(0.2d \sim 0.3d)$$

2. 双头螺柱连接的规定标记和规定画法

双头螺柱连接适用于结构上不能采用螺栓连接的场合，例如被连接件之一太厚而不宜制成通孔，材料又比较软（例如用铝镁合金制造的壳体），且需要经常拆装时，往往采用双头螺柱连接。显然，拆卸这种连接时不用拆下螺柱。如图 7-12 所示为双头螺柱连接的简化画法，画图时注意双头螺柱旋入端的螺纹终止线应画成与被连接件的接触表面相重合，表示旋入端已拧紧。

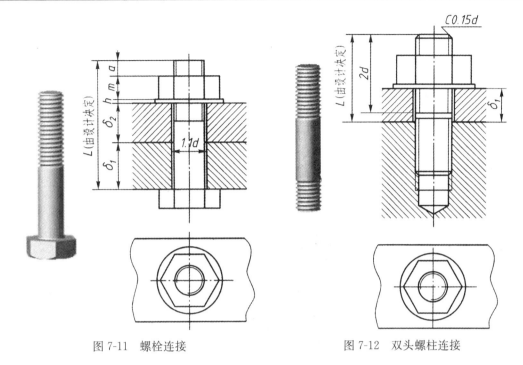

图 7-11 螺栓连接   图 7-12 双头螺柱连接

3. 螺钉连接的规定标记和规定画法

　　螺钉用于连接不经常拆卸、受力不大或被连接件之一较厚而不便加工通孔的情况。一般零件应加工成稍大的光孔（约为 $1.1d$），并且应有与螺钉头部相配的结构。另一零件应加工成螺纹孔，螺纹孔深度应大于旋入螺纹的长度，旋合深度由螺钉和工件的材质决定。连接简化画法如图 7-13 所示，国家标准规定螺钉一字槽在俯视图上应与水平方向成 $45°$。

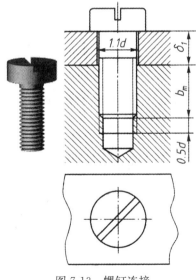

图 7-13 螺钉连接

第二节　键连接、销连接

一、键连接

键通常用于连接轴和轴上的齿轮、带轮等传动零件，起传递转矩的作用，如图 7-14 所示。

键是标准件，常用的键有普通平键、半圆键和钩头楔键等，如图 7-15 所示。

本节主要介绍应用最多的 A 型普通平键及其画法。

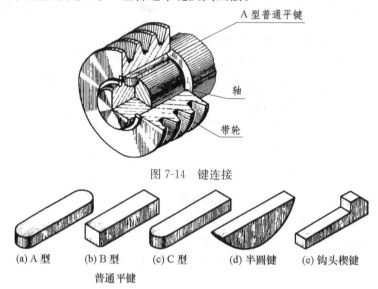

图 7-14　键连接

(a) A 型　　(b) B 型　　(c) C 型　　(d) 半圆键　　(e) 钩头楔键

普通平键

图 7-15　常用的几种键

1. 普通平键

普通平键的公称尺寸为 $b \times h$（键宽×键高），可根据轴的直径在相应的标准中查得。

普通平键的规定标记为键宽 b×键长 L。例如：$b = 18$ mm，$h = 11$ mm，$L = 100$ mm 的圆头普通平键（A 型）应标记为：键 $18 \times 11 \times 100$ GB/T 1096—2003（A 型可不标出 A）。

图 7-16（a）和（b）所示为轴和轮毂上键槽的表示法和尺寸注法（未注尺寸数字）。

图 7-16（c）所示为普通平键连接的装配图画法。

图 7-16（c）所示的键连接图中，键的两侧面是工作面，接触面的投影处只画一条轮廓线；键的顶面与轮毂上键槽的顶面之间留有间隙，必须画两条轮廓线，在反映键长度方向的剖视图中，轴采用局部剖视，键按不剖视处理。在键连接图中，键的倒角或小圆角一般省略不画。

2. 半圆键

半圆键的基本尺寸有键宽 b、高 h、直径 d_1 和长度 L，例如 $b = 6$，$d_1 = 25$，$L = 24.5$，则标记为：键 6×25（GB/T 1099—1979）。轴上键槽的深度 t 可从相关手册中查出。半圆

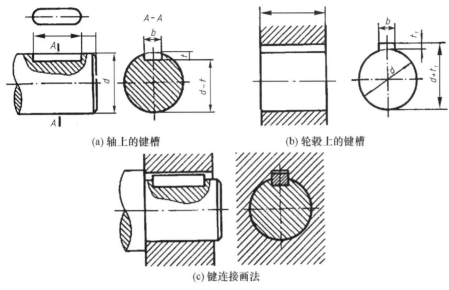

(a) 轴上的键槽　　　　　　　　　　(b) 轮毂上的键槽

(c) 键连接画法

图 7-16　普通平键连接

键连接画法如图 7-17 所示。

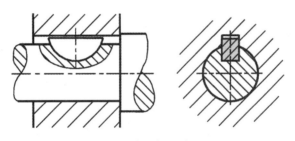

图 7-17　半圆键连接画法

3. 钩头楔键

钩头楔键的基本尺寸有键宽 b、高 h 和长度 L，例如 $b=18$，$h=11$，$L=100$，则标记为：键 18×100（GB/T 1565—1979）。钩头楔键连接画法如图 7-18 所示。

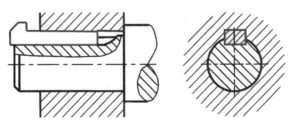

图 7-18　钩头楔键连接画法

二、销连接

销通常用于零件之间的连接、定位和防松，常见的有圆柱销、圆锥销和开口销等，它们都是标准件。圆柱销和圆锥销可以连接零件，也可以起定位作用（限定两零件间的相对位置），如图 7-19（a）和（b）所示。开口销常用在螺纹连接的装置中，以防止螺母的松动，如图 7-19（c）所示。销的形式、标记示例及画法见表 7-2。

表 7-2　销的形式、标记示例及画法

名称	标准号	图　例	标记示例
圆锥销	GB/T 117—2000	$R_1 \approx d$　$R_2 \approx d + (L-2a)/50$	直径 $d=10$ mm，长度 $L=100$ mm，材料 35 钢，热处理硬度（28～38）HRC，表面氧化处理的圆锥销。 销 GB/T 117—2000　A10×100。 圆锥销的公称尺寸是指小端直径。
圆柱销	GB/T 119.1—2000		直径 $d=10$ mm，公差为 m6，长度 $L=80$ mm，材料为钢，不经表面处理。 销 GB/T 119.1—2000　10m6×80。
开口销	GB/T 91—2000		公称直径 $d=4$ mm（指销孔直径），$L=20$ mm，材料为低碳钢，不经表面处理。 销 GB/T 91—2000　4×20。

在销连接中，两零件上的孔是在零件装配时一起配钻的。因此，在零件图上标注销孔的尺寸时，应注明"配作"。

绘图时，销的有关尺寸从标准中查找并选用。在剖视图中，当剖切平面通过销的回转轴线时，按不剖处理，如图 7-19 所示。

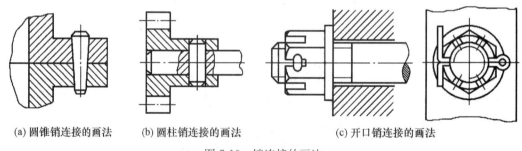

(a) 圆锥销连接的画法　　(b) 圆柱销连接的画法　　(c) 开口销连接的画法

图 7-19　销连接的画法

第三节　齿轮连接

齿轮是用于机器中传递动力、改变旋向和改变转速的传动件。根据两啮合齿轮轴线在空间的相对位置不同，常见的齿轮传动可分为如图 7-20 所示的三种形式。其中，（a）所示的圆柱齿轮用于两平行轴之间的传动，（b）所示的圆锥齿轮用于垂直相交两轴之间的传动，（c）所示的蜗杆蜗轮则用于交叉两轴之间的传动。本节主要介绍具有渐开线齿形的标准直齿圆柱齿轮的有关知识和规定画法。

(a) 圆柱齿轮　　　　　　(b) 圆锥齿轮　　　　　　(c) 蜗杆蜗轮

图 7-20　常见齿轮的传动形式

一、直齿圆柱齿轮各部分的名称、代号和尺寸关系

1. 直齿圆柱齿轮各部分的名称和代号（如图 7-21 所示）

（1）齿顶圆：轮齿顶部的圆，直径用 d_a 表示。

（2）齿根圆：轮齿根部的圆，直径用 d_f 表示。

（3）分度圆：齿轮加工时用以轮齿分度的圆，直径用 d 表示。在一对标准齿轮互相啮合时，两齿轮的分度圆应相切，如图 7-21（b）所示。

（4）齿距：在分度圆上，相邻两齿同侧齿廓间的弧长，用 p 表示。

（5）齿厚：一个轮齿在分度圆上的弧长，用 s 表示。

（6）槽宽：一个齿槽在分度圆上的弧长，用 e 表示。在标准齿轮中，齿厚与槽宽各为齿距的一半，即 $s=e=p/2$，$p=s+e$。

（7）齿顶高：分度圆至齿顶圆之间的径向距离，用 h_a 表示。

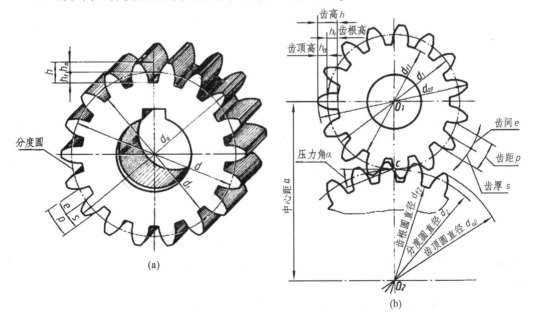

图 7-21　直齿圆柱齿轮各部分的名称和代号

（8）齿根高：分度圆至齿根圆之间的径向距离，用 h_f 表示。

（9）全齿高：齿顶圆与齿根圆之间的径向距离，用 h 表示，$h=h_a+h_f$。

（10）齿宽：沿齿轮轴线方向测量的轮齿宽度，用 b 表示。

（11）压力角：轮齿在分度圆的啮合点上 C 处的受力方向与该点瞬时运动方向线之间的夹角，用 α 表示。标准齿轮 $\alpha=20°$。

2. 直齿圆柱齿轮的基本参数与齿轮各部分的尺寸关系

（1）模数：当齿轮的齿数为 z 时，分度圆的周长 $=\pi d=zp$。令 $m=p/\pi$，则 $d=mz$，m 即为齿轮的模数。因为一对啮合齿轮的齿距 p 必须相等，所以它们的模数也必须相等。模数是设计、制造齿轮的重要参数。模数越大，则齿距 p 也增大，随之齿厚 s 也增大，齿轮的承载能力也增大。不同模数的齿轮要用不同模数的刀具来制造。为了便于设计和加工，模数已经标准化，我国规定的标准模数数值见表 7-3。

表 7-3　标准模数（圆柱齿轮，摘自 GB/T 1357—1987）

第一系列	1，1.25，1.5，2，2.5，3，4，5，6，8，10，12，16，20，25，32，40，50
第二系列	1.75，2.25，2.75，（3.25），3.5，（3.75），4.5，5.5，（6.5），7，9，（11），14，18，22，28，（30），36，45

注：选用时，优先采用第一系列，括号内的模数尽可能不用。

（2）齿轮各部分的尺寸关系：当齿轮的模数 m 确定后，按照与 m 的比例关系，可计算出齿轮其他部分的基本尺寸，见表 7-4。

表 7-4　标准直齿圆柱齿轮各部分尺寸关系（单位：mm）

名称及代号	公式	名称及代号	公式
模数 m	$m=p\pi=d/z$	齿根圆直径 d_f	$d_f=m(z-2.5)$
齿顶高 h_a	$h_a=m$	齿形角 α	$\alpha=20°$
齿根高 h_f	$h_f=1.25m$	齿距 p	$P=\pi m$
全齿高 h	$h=h_a+h_f$	齿厚 s	$s=p/2=\pi m/2$
分度圆直径 d	$d=mz$	槽宽 e	$e=p/2=\pi m/2$
齿顶圆直径 d_a	$d_a=m(z+2)$	中心距 a	$a=(d_1+d_2)/2=m(Z_1+Z_2)/2$

二、直齿圆柱齿轮的规定画法

1. 单个圆柱齿轮的画法

如图 7-22（a）所示，在端面视图中，齿顶圆用粗实线画出，齿根圆用细实线画出或省略不画，分度圆用点画线画出。另一视图一般画成全剖视图，而轮齿规定按不剖处理，用粗实线表示齿顶线和齿根线，点画线表示分度线，如图 7-22（b）所示；若不画成剖视图，则齿根线可省略不画。当需要表示轮齿为斜齿（或人字齿）时，在外形视图上画出三条与齿线方向一致的细实线表示，如图 7-22（c）所示。

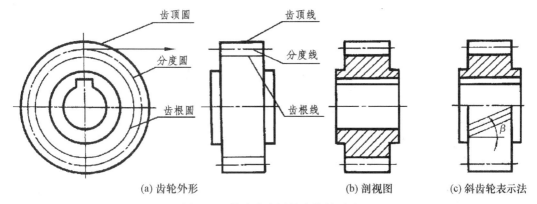

(a) 齿轮外形　　　　　(b) 剖视图　　　(c) 斜齿轮表示法

图 7-22　单个直齿圆柱齿轮的画法

2. 圆柱齿轮的啮合画法

如图 7-23（a）所示，在表示齿轮端面的视图中，齿根圆可省略不画，啮合区的齿顶圆均用粗实线绘制。啮合区的齿顶圆也可省略不画，但相切的分度圆必须用点画线画出，如图 7-23（b）所示。若不作剖视，则啮合区内的齿顶线不画，此时分度线用粗实线绘制，如图 7-23（c）所示。

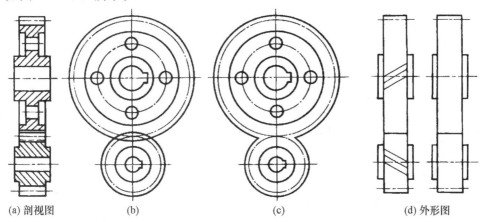

(a) 剖视图　　　　　(b)　　　　　(c)　　　　　(d) 外形图

图 7-23　圆柱齿轮的啮合画法

在剖视图中，啮合区的投影如图 7-24 所示，一个齿轮的齿顶线与另一个齿轮的齿根线之间有 0.25 mm 的间隙，被遮挡的齿顶线用虚线画出，也可省略不画。

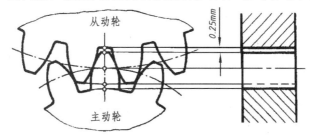

图 7-24　轮齿啮合区在剖视图上的画法

第八章　零件图

【知识目标】

1. 了解零件图的作用与内容。
2. 掌握表面粗糙度、公差与配合的基本概念，能识别它们的标注代号及其含义。

【能力目标】

1. 能理解配合的含义并正确标注尺寸公差及表面粗糙度。
2. 能绘制和阅读中等复杂程度的零件图。

第一节　零件图的作用和内容

一、零件图的作用

表达零件结构形状、尺寸大小和加工检验时的技术要求的图样称为零件图。它是指导零件加工制造和检验的依据，是生产中的重要技术文件之一。机器或部件中，除标准件外，其余零件一般均应绘制零件图。

二、零件图的内容

图 8-1 所示为柱塞套的零件图，由这张图纸可以看出，一张完整的零件图必须包括制造和检验零件的全部资料。其具体内容如下：

1. 一组图形

综合运用视图、剖视、断面及其他规定和简化画法，正确、完整、清晰、简便地表达零件各部分结构的内外形状。图 8-1 采用主视图和左视图，局部视图采用断面图和局部放大图表达柱塞套的结构形状。

2. 完整的尺寸

用以确定零件部件各部分的大小和位置。零件图上应注出加工制造和检验零件所需的全部尺寸。

3. 必要的技术要求

用以表达或说明零件在加工、检验过程中要求达到的各项质量要求，如尺寸公差、形状和位置公差、表面粗糙度、材料、热处理等其他要求。技术要求常用符号或文字来表示。

4. 标题栏

用标题栏明确地填写出零件的名称、材料、质量、比例、图号以及制图人与审核人的姓名和日期等内容。

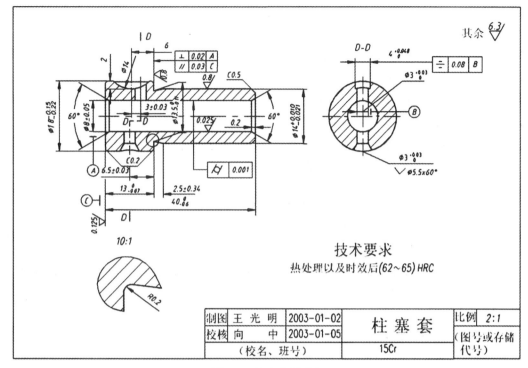

图 8-1 柱塞套零件图

第二节 一般零件的视图选择与尺寸标注

零件在机器或设备中的作用不同，其结构形状也就各种各样。在确定零件图表达方案时，要根据零件的形状、作用、加工和工作位置，灵活运用各种图样画法，选取一组恰当的视图，完整、清晰地表达零件的结构形状。在方便看图的前提下，力求视图精炼、制图简便。

一、零件图的视图选择

为使零件图表达方案精炼、简便，首先应该对零件进行结构分析，了解它的作用，在此基础上确定视图表达方案。表达方案包括主视图的选择、其他视图数量和图样画法的确定。

1. 主视图的选择

主视图是零件图中最主要的视图，画图和看图通常是从主视图入手。主视图选择的合理与否，直接影响其他视图的绘制、合理性、看图的方便性等。因此，主视图是确定零件表达方案的关键。一般来说，零件主视图的选择应满足以下原则。

（1）形状特征原则：将最能反映零件特征的视图作为主视图。零件从不同的方向观察，得到的主视图也各不相同。考虑零件投射方向选择主视图时，应使主视图明显地反映出零件的主要结构形状和各部分之间的相对位置关系。

（2）工作位置原则：将零件在机器中的工作位置作为主视图，这样可与整台机器直接对接，容易想象零件的工作状况，便于根据装配关系来考虑零件的结构形状和尺寸。柱塞套主视图的确定符合工作位置原则。

（3）加工位置原则：将零件在机床上加工时的位置作为主视图。回转类零件一般在车床上加工，将零件轴线水平放置作为主视图，便于操作者看图加工，检验尺寸，减少加工误差。如图 8-1 所示，柱塞套的主视图是按照加工位置（即轴线水平放置）放置的。

2．其他视图的选择

主视图确定后，要完整、准确、清晰、简明地表达零件的内外结构，往往还需要选择其他视图，其他视图用于补充表达主视图尚未表达清楚的结构。选择其他视图时，应注意以下几点：

（1）选择适合的表达方法。每个视图都有自身的表达重点，因此要结合零件的内外结构形状特点，分析整体与部分的关系，使表达方案既重点突出，又避免重复。优先考虑基本视图及在基本视图上作剖切。

（2）选择合适的视图数量。在能清楚表达零件的结构、尺寸和各部分相互关系的前提下，视图的数量要尽量少。

（3）对于同一结构提出几种表达方案，然后进行分析、比较，最后确定最佳的方案。

二、典型零件视图选择

零件的形状繁多，但按其结构形状，大体可归纳为四大类，即轴套类零件、轮盘类零件、箱体类零件和叉架类零件，应根据每一类零件自身的结构特点来确定其表达方案。

1．轴套类零件

轴套类零件的基本形状是同轴回转体，在轴上通常有键槽、销孔、螺纹退刀槽、倒圆等结构。此类零件主要是在车床或磨床上加工。这类零件的主视图按其加工位置选择，一般按水平位置放置。这样既可把各段形体的相对位置表示清楚，又能反映出轴上轴肩、退刀槽等结构。确定了主视图后，由于轴上的各段形体的直径尺寸在其数字前加注符号"ϕ"表示，因此，对于轴套类零件一般只用一个基本视图加上一系列直径尺寸，就能表达它的主要形状。对于零件上的键槽、销孔、退刀槽等结构，一般可采用局部视图、局部剖视图、移出断面和局部放大图，如图 8-1 所示。

2．轮盘类零件

这类零件的基本形状是扁平的盘状，通常需要用两个基本视图来进行表达：主视图常取剖视，以表达零件的内部结构；另一基本视图主要表达其外轮廓以及零件上各种孔的分布。

轮盘类零件也是装夹在卧式车床的卡盘上加工的。与轴套类零件相似，其主要遵循加工位置原则，即应将轴线水平放置画图。

3．箱体类零件

箱体类零件通常是起着支承和包容装配体运动部件作用的机架。因箱体内部具有空腔、孔等结构，形状一般较复杂，表达此类零件时至少需要三个基本视图，并配以剖视图、断面图等图样画法才能完整、清晰地表达它们的结构。

由于制造这类零件时，既要加工起定位、连接作用的底面，又要加工侧面和顶面以及孔和凸台等表面，需要多次装夹，所以在选择主视图时主要遵循工作位置原则，以便于对照装配图进行作业。

4. 叉架类零件

叉架类零件在装配体中主要用于支承或夹持零件，其结构形状随零件作用而定，故一般不很规则。此类零件需在多种机床上加工，所以在选主视图时，主要按形状特征原则和工作位置原则确定。叉架类零件常常需要两个或两个以上的基本视图，其他视图要配合主视图，在主视图没有表达清楚的结构上采用移出断面、局部视图和斜视图来表达其结构。

三、零件图的尺寸标注

零件是按零件图中所标注的尺寸进行加工和检验的，标注尺寸除了正确、完整、清晰外，还应做到合理。所谓合理标注尺寸就是一方面所标注的尺寸要满足零件的设计要求，另一方面又要符合加工工艺要求，便于加工、测量和检验。

1. 零件图尺寸标注的基本步骤

（1）尺寸基准的确定

尺寸基准就是确定尺寸位置的几何元素。根据使用场合和作用的不同，尺寸基准可分为设计基准和工艺基准两类：设计基准是用以确定零件在机器或部件中正确位置的一些面、线或点，工艺基准是在加工、测量和检验时确定零件结构位置的一些面、线、点。

零件在长、宽、高三个方向上至少应各有一个尺寸基准，称为主要基准，如图 8-2 所示。有时为了加工、测量的需要，还可增加一个或几个辅助基准，主要基准与辅助基准之间应有尺寸直接相连。

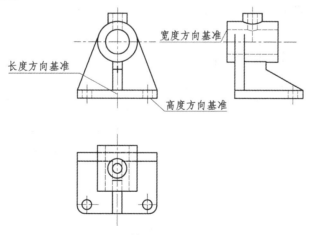

图 8-2 轴承座的基准选择

基准选择的一般原则：

① 设计基准反映了零件设计要求，一般把它作为主要基准，重要尺寸一般由设计基准标出。

② 工艺基准反映了零件加工、测量方面的要求，必须兼顾。

③ 在选择尺寸基准时，最好能把设计基准和工艺基准统一起来。

（2）标注定位、定形尺寸

定位尺寸是确定组合体各组成部分的长、宽、高三个方向的尺寸。定形尺寸是确定各基本几何体大小的尺寸。只有定位尺寸与定形尺寸完全的图线，才能准确表达零件的位置与尺寸。

标注零件图中的尺寸时，应先对零件各组成部分的结构形状、作用等进行分析，了解哪些是影响零件精度和产品性能的功能尺寸如配合尺寸等，哪些是对产品性能影响不大的非功能尺寸，然后选定尺寸基准，从尺寸基准出发标注定形和定位尺寸。

2. 合理标注尺寸应满足的要求

（1）考虑设计要求

① 零件图上的功能尺寸必须直接标注，以保证设计要求，如图 8-3 所示。

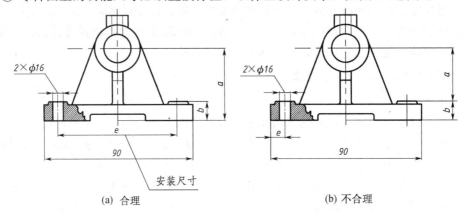

（a）合理　　　　　　　　　　　　（b）不合理

图 8-3　主要尺寸直接注出

② 尺寸不能注成封闭尺寸链，如图 8-4 所示。

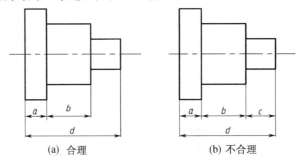

（a）合理　　　　　　　　　　　（b）不合理

图 8-4　避免出现封闭尺寸链

（2）考虑工艺要求

非功能尺寸从便于加工、测量角度考虑来标注。非功能尺寸是指那些不影响机器或部件的工作性能，也不影响零件间的配合性质和精度的尺寸。

① 标注尺寸应符合加工顺序，按加工顺序标注尺寸，符合加工过程，便于加工和测量，如图 8-5 所示。

② 按不同加工方法尽量集中标注，零件一般要经过几种加工方法才能制成，在标注尺寸时，最好将不同加工方法的有关尺寸集中标注。

③ 标注尺寸要便于加工和测量。

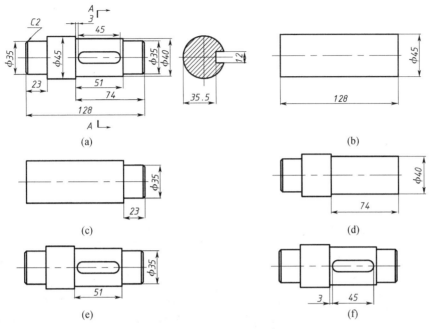

图 8-5 尺寸标注的顺序

第三节 零件图的技术要求

零件图和装配图除了有表达零件结构形状与大小的一组视图和尺寸外，还应该表示出该零件或装配体在制造和检验中的技术要求。它们有的用符号、代号标注在图中，有的用文字加以说明，主要包括表面粗糙度、极限与配合、形状和位置公差等。

一、表面粗糙度

1. 表面粗糙度概念

若将零件截面置于放大镜下观察，将呈现出不规则的峰谷状况，如图 8-6 所示。这种加工表面上的微观不平度称为表面粗糙度，是表征零件表面质量的重要指标，直接影响着机器的使用性能和寿命。表面粗糙度以代号形式在零件图上标注，常用的表征参数是表面粗糙度高度参数轮廓算术平均偏差（R_a）和轮廓最大高度（R_z），单位微米（μm）。使用时宜优先选用 R_a，R_z 特别适用于超精加工零件表面粗糙度的评定。

图 8-6 表面粗糙度

2. 表面粗糙度的标注方法

(1) 表面粗糙度符号的意义和画法（见表 8-1 及图 8-7）

表 8-1 粗糙度符号的意义

符号	意义及说明
∨	基本符号：表示表面可用任何方法获得。当不加注粗糙度参数或有关说明时，仅适用于简化代号标注。
∇	加工符号：基本符号加一短划，表示表面是用去除材料的方法获得的。例如：车削、铣削、剪切、抛光、腐蚀、电火花加工、气割等。
∇○	毛坯符号：基本符号加一小圆，表示表面是用不去除材料的方法获得的。例如：铸、锻、冲压变形、热轧、冷轧、粉末冶金等或是用于保持原供应状况的表面（包括保持上道工序的状况）。

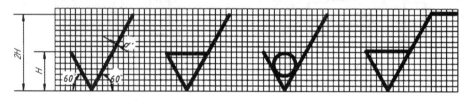

$$d' = \frac{h}{10}, H = 1.4h, h 为字高$$

图 8-7 表面粗糙度的画法

(2) 表面粗糙度的标注

表面粗糙度代号一般注在可见轮廓线、尺寸界线、引出线或它们的延长线上。符号的尖端必须从材料外指向零件表面，如图 8-8（a）所示。代号中符号和数字的方向须按图 8-8（b）所示方式标注。

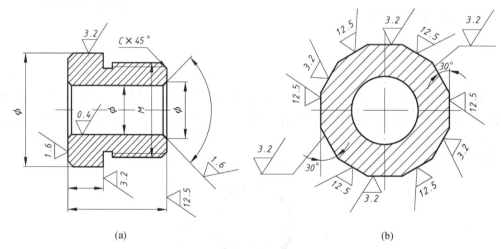

(a)   (b)

图 8-8 表面粗糙度的基本注法

零件的所有表面都应有确定的表面粗糙度要求，但可采用统一说明的方法简化标注。统一标注的代号和文字大小应为图中代号和文字的 1.4 倍。

可以将使用较多的一种代号统一注在图样右上角，并加注"其余"两字。如图 8-9（a）所示，仅将加工面的粗糙度在图中直接注出，而将所有毛坯面统一说明。这里的粗糙度代号只有符号，没有数值，表示铸造面经过处理，对 R_a 值不作要求。

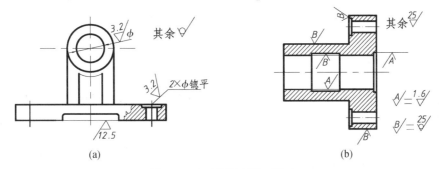

图 8-9 表面粗糙度统一注法

当所有表面具有相同的表面粗糙度时，其代号可在图样右上角统一标注，如图 8-9（a）所示。

不便直接标注的较小结构的表面粗糙度代号，允许简化标注在尺寸线或引出线上，如图 8-9（b）所示。

二、极限与配合

零件在加工过程中，对图样上标注的基本尺寸不可能做到绝对准确，总会存在偏差。但为了保证零件的精度，必须将偏差限制在一定的范围内。对于相互配合结构的零件，这个范围既要保证相互配合的尺寸之间形成一定的关系，以满足不同的使用要求，又要在制造上是经济合理的。极限与配合国家标准即用来保证零件配合时相互之间的关系，并协调机器零件使用要求与制造经济性之间的矛盾。

1. 公差与配合的概念

（1）极限尺寸

一个孔和轴允许的尺寸的两个极端称为极限尺寸，分为最大极限尺寸和最小极限尺寸，实际尺寸应位于其中，也可达到极限尺寸，如图 8-10（a）所示。

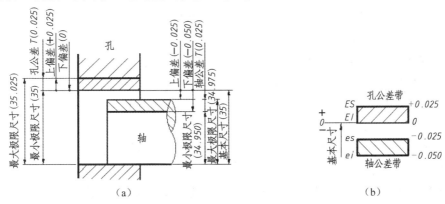

图 8-10 极限尺寸、极限偏差、公差和公差带图

（2）极限偏差

极限尺寸减其基本尺寸所得的代数差称为极限偏差。最大极限尺寸减其基本尺寸之差

为上偏差，最小极限尺寸减其基本尺寸为下偏差。

（3）公差

最大极限尺寸减最小极限尺寸或上偏差减下偏差之差称为尺寸公差（简称公差），它是允许尺寸的变动量。上偏差和下偏差为代数值，可为正、负或零，但上偏差必大于下偏差，因此公差为正值。

（4）公差带

为简化起见，在实用中不画出孔和轴，而只画出表示基本尺寸的零线和上、下偏差，称为公差带图解，如图 8-10（b）所示。在公差带图解中，由代表上、下偏差的两条直线所限定的区域称为公差带。公差带包含两个要素：公差带大小和公差带位置，即使公差带大小相同，若公差带位置不同，其上、下偏差也会不同。

（5）配合

基本尺寸相同的、相互结合的孔和轴公差带之间的关系称为配合。

根据使用要求的不同，配合有松有紧，有的具有间隙，有的具有过盈，因此又有以下几种不同的配合：

① 间隙配合，即具有间隙（包括最小间隙等于零）的配合。间隙配合中孔的最小极限尺寸大于或等于轴的最大极限尺寸，孔的公差带位于轴的公差带之上，如图 8-11（a）所示。

② 过盈配合，即具有过盈（包括最小过盈等于零）的配合。过盈配合中轴的最小极限尺寸大于或等于孔的最大极限尺寸，轴的公差带位于孔的公差带之上，如图 8-11（b）所示。

③ 过渡配合，即既有间隙又有过盈的配合。过渡配合中，孔的公差带与轴的公差带相互交叠，如图 8-11（c）所示。

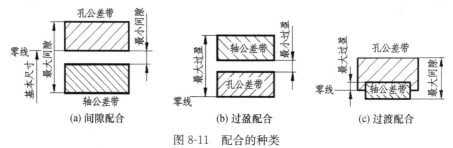

图 8-11　配合的种类

2. 公差与配合的标注方法

在零件图中标注尺寸公差有如下三种形式。

（1）公差带代号注法，如图 8-12（a）所示。

（2）极限偏差注法，如图 8-12（b）所示。

（3）双注法，即公差代号和极限偏差一起标注，偏差数值注在公差带代号后的圆括号内，如图 8-12（c）所示。

在装配图中，所有配合尺寸应在配合处注出基本尺寸和配合代号，如图 8-12（d）所示。配合代号用分数形式表示，分子为孔的公差带代号，分母为轴的公差带代号。如果配合代号的分子上孔的基本偏差代号为 H，说明孔为基准孔，则为基孔制配合；如果配合代号的分母上轴的基本偏差代号为 h，说明轴为基准轴，则为基轴制配合。标注时，也可

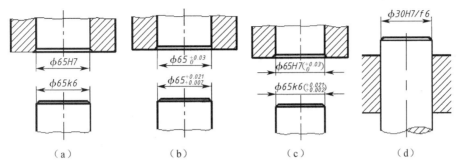

图 8-12　极限与配合在图上的标注

以将配合代号注在基本尺寸以后，如 $\phi 20H8/f7$、$\phi 20H/s6$、$\phi 20K7/h6$。

三、形位公差

形位公差包括形状和位置公差。和零件的尺寸类似，对于零件表面的形状和表面间的相对位置，不可能也没有必要制造得绝对准确，而是允许误差存在，其误差则是由形位公差加以限制的。国家标准规定的形位公差的特征项目及符号见表 8-2。

表 8-2　形位公差的特征项目和符号

公　差	特征项目	符　号	公　差	特征项目	符　号
形状公差	直 线 度	——	位置公差	平 行 度	//
	平 面 度	▱	定向	垂 直 度	⊥
	圆　度	○		倾 斜 度	∠
	圆 柱 度	⌭	定位	同 轴 度	◎
	线轮廓度	⌒		对 称 度	═
	面轮廓度	⌓		位 置 度	⊕
			跳动	圆 跳 动	↗
				全 跳 动	↗↗

形位公差在零件图上的标注内容包括公差特征符号、公差数值、被测要素和基准要素等。符号、公差值内容注在公差框格内。

1．公差框格

公差框格是一个用细实线绘制，由两格或多格横向连成的矩形框格，画法如图 8-13（a）所示。框内的填写顺序自左向右为：第一格——公差特征符号；第二格——公差数值；第三格及以后各格——表示基准的字母。

2．被测要素的标注

由公差框格一端引出指引线（细实线）指向被测要素，端部画箭头，如图 8-13（a）所示。规定当被测要素为中心要素，如轴线、对称平面或球心时，指引线箭头应与尺寸线对齐。

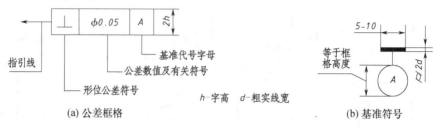

图 8-13　公差框格和基准符号

3. 基准要素的标注

位置公差必须指明基准要素，基准要素通过基准符号标注。基准符号由粗短线、圆圈、连线及大写字母组成，基准代号的圆圈内水平地注写大写字母，与相应的位置公差框格内表示基准的字母相呼应，如图 8-13（b）所示。注意，当基准要素是轴线或中心平面时，基准代号中的连线与尺寸线对齐（与尺寸线上的箭头重合时，箭头可省略）。

图 8-14 所示为气门阀杆零件图上标注形位公差的实例，图中三处标注的形位公差分别表示如下：

（1）杆身 ϕ16f7 的圆柱度公差为 0.005 mm。

（2）SR750 球面对 ϕ16f7 轴线的圆跳动公差为 0.03 mm。

（3）M8×1-6H 螺孔轴线对于 ϕ16f7 轴线的同轴度公差为 ϕ0.1 mm。

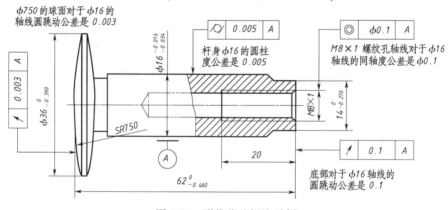

图 8-14　形位公差标注示例

第四节　读零件图

读零件图的目的是根据零件图分析视图、分析尺寸，想象出零件的结构形状和大小，了解零件的各项技术要求，以便根据零件的特点在制造时采用适当的加工方法和检验手段来达到产品的质量要求，或进一步研究零件结构是否合理，求得改进和创新。因此，从事各专业的工程技术人员都必须具备读零件图的能力。

一、读零件图的要求

（1）了解零件的名称、材料及用途。

（2）了解零件各部分的结构形状、功用，以及它们之间的相对位置及大小。

（3）了解零件的制造方法和技术要求。

二、读零件图的方法和步骤

下面以图 8-15 所示的阀体为例，介绍读零件图的一般方法和步骤。

1. 看标题栏，概括了解

从标题栏内了解零件的名称、材料、绘图比例、件数、质量等，并浏览全图，初步了解零件的结构特点和大小。图 8-15 所示为阀体的零件图，是化工设备管道中常用阀门的外壳，属箱体类零件。由标题栏得知，零件的材料为 HT200，绘图比例是 1∶2。

2. 分析视图，想象结构形状

分析视图是看零件图的关键。运用组合体的读图方法，分析各视图之间的投影关系，了解各视图所表达的内容。看视图时，先看主要部分，后看次要部分；先看整体，后看细节；先看容易看懂的部分，后看难懂部分。按投影对应关系分析形体时，要兼顾零件的尺寸及其功用，以便帮助想象零件的形状。

图 8-15 所示的阀体零件图由四个视图组成。主视图采用剖视（B-B），剖切平面的位置见左视图；左视图采用全剖视（A-A），剖切平面的位置见主视图；俯视图采用全剖视（C-C），剖切平面的位置见主视图；向视图 D 为了表达下部的 $\phi10$ 孔为通孔，作了一个局部剖视。由主视图可知，阀体水平方向主体结构为回转体，右侧是公称直径为 42 mm 的螺纹孔。阀体右侧形状可由 D 向视图得出，阀体的底板形状可由俯视图得出。阀体的其他结构读者自行分析。

3. 分析尺寸和了解技术要求

首先找出零件长、宽、高三个方向的尺寸基准，然后从基准出发，弄清楚哪些是主要尺寸；再用形体分析法找出各部分的定性尺寸、定位尺寸及零件的总体尺寸，以完全看懂零件的形状和大小；还要了解技术要求，弄清零件表面粗糙度、尺寸公差与配合、形位公差、热处理等要求。

图 8-15 所示的阀体长度方向上的主要基准是左端面，宽度方向上的主要基准是通过 $\phi60$ 孔的对称面，高度方向上的主要基准是阀体底平面。阀体上定形尺寸和定位尺寸很多，其中几个主要定位尺寸如主视图上的 55、6、36、80，俯视图上的 80、70，向视图 D 上的 70×70 等；定形尺寸如主视图中的 $\phi76$、$\phi60$，左视图中的 $\phi30$ 等。阀体的总体长度是长 130、宽 120、高 125（80＋90/2，一般不直接注出）。阀体 $\phi60$H7 内表面粗糙度 R_a 的上限值为 1.6 μm，要求较高，还有一些端面、内孔有表面粗糙度要求，多数表面为不加工表面。阀体还有尺寸公差（$\phi60$H7、$\phi25$H8、$\phi16$H8）和形位公差（平行度要求等）。此外还有文字注解的内容，注解在"技术要求"之下。

4. 归纳总结

综合前面的分析，把图形、尺寸和技术要求等全面系统地联系起来思考，并参阅相关资料，得出零件的整体结构、尺寸大小、技术要求及零件的作用等完全的概念。

必须指出，在看零件图的过程中，上述步骤不能机械地分开，往往是穿插进行。

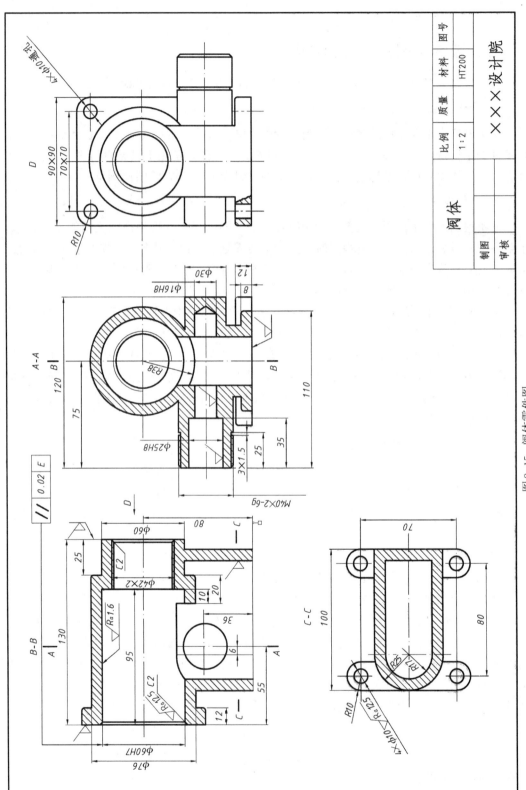

图 8-15　阀体零件图

第九章　装配图

【知识目标】

1. 了解装配图的作用与内容，能绘制和阅读中等复杂的装配图。
2. 掌握装配图的表达方法及其规定画法。
3. 掌握由装配图拆画零件图的基本方法。

【能力目标】

1. 培养工程意识，能绘制和阅读简单的装配图。
2. 深刻领会由装配图拆画零件图时的尺寸标注的合理性。
3. 掌握由装配图拆画零件图时测绘的技巧以及零件相关技术要求的确定。

装配图是表达机器或部件的图样，通常用来表达机器或部件的工作原理及零件、部件间的装配关系，是机械设计和生产中的重要技术文件之一。在产品设计中一般先根据产品的工作原理图画出装配草图，由装配草图整理成装配图，然后再根据装配图进行零件设计，并画出零件图。在产品制造中装配图是制订装配工艺规程、进行装配和检验的技术依据。在机器使用和维修时，也需要通过装配图来了解机器的工作原理和构造。

第一节　装配图概述

一、装配图的作用和内容

一张完整的装配图必须具备下列内容：

1. 一组视图

画装配图时，要用一组视图、剖视图等表达出机器（或部件）的工作原理、各零件的相对位置及装配关系、连接方式和重要零件的形状结构。如图 9-1 所示滑动轴承的装配图，主视图和左视图采用了半剖视图，用来表达轴承座、轴承盖、上下轴瓦等的装配关系和部件的外形；俯视图主要用来表达轴承盖和轴承座的形状。

2. 必要的尺寸

在装配图上不需要像零件图那样标注出零件的所有尺寸，制造零件时是根据零件图制造的，装配图上只需要标注机器或部件的性能（规格）尺寸、配合尺寸、安装尺寸、外形尺寸、检验尺寸等。性能（规格）尺寸在设计时已确定，它是设计机器和选用机器的重要依据。例如，图 9-1 所示滑动轴承的装配图中，孔径 $\phi 25H8$ 即为规格尺寸；配合尺寸是指两零件间有配合要求的尺寸，一般要标注出尺寸和配合代号，如滑动轴承中 52H9/f9、42H9/f9、$\phi 36H7/k6$ 等；安装尺寸是指将机器或部件安装在地基上或其他机器或部件上所需要的尺寸，如滑动轴承中底板的尺寸；外形尺寸是指机器或部件的外形轮廓尺寸，如总高、总宽、总长等尺寸。

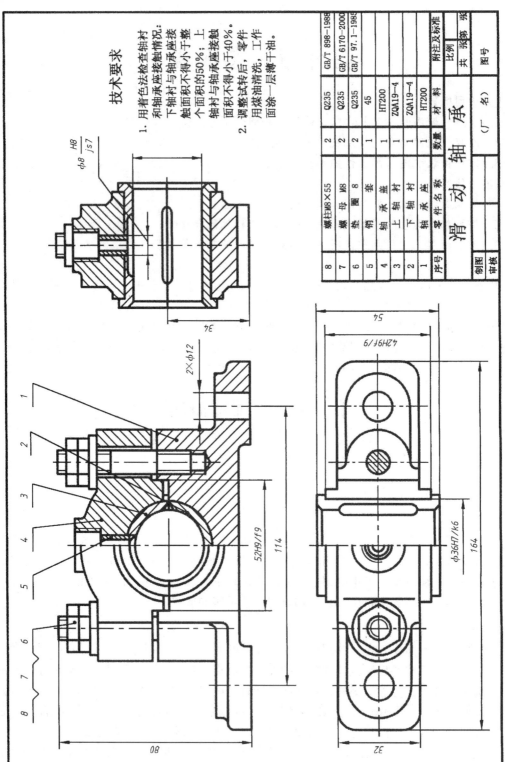

技术要求

1. 用着色法检查轴衬和轴承座接触接触情况：下轴衬与轴承座接触面积不得小于整个面积的50%；上轴衬与轴承座接触面积不得小于40%。

2. 调整试转后，零件用煤油清洗，工作面涂一层薄干油。

$\phi 8 \dfrac{H8}{js7}$

8	螺柱M8×55	2	Q235	GB/T 898—1988
7	螺母M8	2	Q235	GB/T 6170—2000
6	垫圈 8	2	Q235	GB/T 97.1—1985
5	销	1	45	
4	轴承盖	1	HT200	
3	上轴衬	1	ZQA19-4	
2	下轴衬	1	ZQA19-4	
1	轴承座	1	HT200	
序号	零件名称	数量	材料	附注及标准

滑 动 轴 承

| 制图 | | | 比例 | 张 |
| 审核 | | （厂　名） | 图号 | 共　张 |

图 9-1　滑动轴承装配图

3．技术要求

在装配图上，只有配合尺寸要标注配合代号，其他尺寸一般不标注尺寸偏差，装配图上一般也不需要标注表面粗糙度代号和形位公差代号。在明细栏的上方或图形下方的空白处用文字形式说明技术要求的内容，主要为机器或部件的性能、装配、调整、试验等所必须满足的技术条件。

4．零件的序号、明细栏和标题栏

装配图中的零件编号和明细栏用于说明每个零件的名称、代号、数量和材料等。标题栏包括部件名称、比例、绘图和设计人员的签名等。编号时应在被编号零、部可见轮廓线内画一小圆点，用细实线画出指引线引出图外，在指引线的端部用细实线画一水平线或圆圈，在水平线上或圆圈内写零件的序号。零、部件序号标注的基本形式如图9-2所示：

图9-2 序号标注形式

标注一个完整的序号，一般应有三个部分：指引线、水平线（或圆圈）及序号数字。

（1）指引线：指引线用细实线绘制，应自所指部分的可见轮廓内引出，并在可见轮廓内的起始端画一圆点。

（2）水平线或圆圈：水平线或圆圈用细实线绘制，用以注写序号数字。

（3）序号数字：在指引线的水平线上或圆圈内注写序号时，其字高比该装配图中所注尺寸数字高度大一号，也允许大两号。当不画水平线或圆圈，在指引线附近注写序号时，序号字高必须比该装配图中所标注尺寸数字高度大两号。

为使图形清晰，指引线不宜穿过太多的图形，指引线通过剖面线区域时，不应和剖面线平行，指引线也不要相交，必要时指引线可画成折线，但只能折一次。序号在图上应按水平或垂直方向均匀排列整齐，并按照顺时针或逆时针方向顺序排列。

二、装配图的视图选择

1．视图的选择要求

完全——部件的工作原理、结构、装配关系及安装关系等内容表达要完全。

正确——视图、剖视、规定画法及装配关系等的表示方法正确，符合国标规定。

清楚——视图的表达清楚易懂。

2．视图选择的步骤和方法

画装配图时，必须把装配体的工作原理、装配关系、传动路线、连接方式及其零件的主要结构等了解清楚，作深入细致的分析和研究，才能确定出较为合理的表达方案。

3．装配体的视图选择原则

装配图的视图选择与零件图一样，应使所选的每一个视图都有其表达的重点内容，具有独立存在的意义。一般来讲，选择表达方案时应遵循这样的思路：以装配体的工作原理为线索，从装配干线入手，用主视图及其他基本视图来表达对部件功能起决定作用的主要装配干线，兼顾次要装配干线，再辅以其他视图表达基本视图中没有表达清楚的部分，最后达到把装配体的工作原理、装配关系等完整清晰地表达出来的效果。

4．主视图的选择

（1）确定装配体的安放位置：一般可将装配体按其在机器中的工作位置安放，以便了解装配体的情况及与其他机器的装配关系。如果装配体的工作位置倾斜，为画图方便，通常将装配体按放正后的位置画图。

（2）确定主视图的投影方向：装配体的位置确定以后，应该选择能较全面、明显地反映该装配体的主要工作原理、装配关系及主要结构的方向作为主视图的投影方向。

（3）主视图的表达方法：由于多数装配体都有内部结构需要表达，因此，主视图多采用剖视图画出。所取剖视的类型及范围，要根据装配体内部结构的具体情况决定。

5．其他视图的选择

主视图确定之后，若还有带全局性的装配关系、工作原理及主要零件的主要结构还未表达清楚，应选择其他基本视图来表达。

基本视图确定后，若装配体上尚还有一些局部的外部或内部结构需要表达时，可灵活地选用局部视图、局部剖视或断面等来补充表达。

6．注意事项

在决定装配体的表达方案时，还应注意以下问题：

（1）应从装配体的全局出发，综合进行考虑。特别是一些复杂的装配体，可能有多种表达方案，应通过比较择优选用。

（2）设计过程中绘制的装配图应详细一些，以便为零件设计提供结构方面的依据。指导装配工作的装配图则可简略一些，重点在于表达每种零件在装配体中的位置。

（3）装配图中，装配体的内外结构应以基本视图来表达，而不应以过多的局部视图来表达，以免图形支离破碎，看图时不易形成整体概念。

（4）若视图需要剖开绘制时，一般应从各条装配干线的对称面或轴线处剖开。同一视图中不宜采用过多的局部剖视，以免使装配体的内外结构的表达不完整。

（5）装配体上对于其工作原理、装配结构、定位安装等方面没有影响的次要结构，不必在装配图中一一表达清楚，可留待零件设计时由设计人员自定。

第二节　装配图画法

一、装配图的规定画法

两相邻零件的接触表面和配合表面只画一条线，非接触表面（即使间隙很小）画成两条线，如图 9-3 所示。

同一个零件所有视图上的剖面线方向相同间隔相等，相邻两个或多个零件的剖面线方向相反或方向相同而间隔不相等。其目的是有利于找出同一零件的各个视图，想象其形状

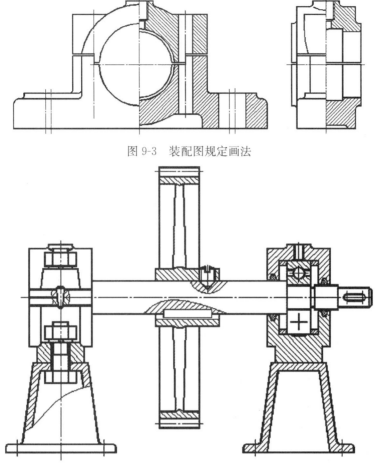

图 9-3　装配图规定画法

图 9-4　装配图的表达方法

和装配关系。

对于紧固件以及实心的球、轴、键等零件，若剖切平面通过其对称平面或基本轴线时，则这些零件均按不剖绘制。如需要表达这些零件上的孔槽等构造时，可用局部剖视图表示，如图 9-4 所示。

二、装配图的特殊表达方法

1. 假想画法

如选择的视图已将大部分零件的形状、结构表达清楚，但仍有少数零件的某些方面还未表达清楚时，可单独画出这些零件的视图或剖视图，如图 9-5 所示。

（1）当需要表达所画装配体与相邻零件或部件的关系时，可用双点画线假想画出相邻零件或部件的轮廓。

（2）当需要表达某些运动零件或部件的运动范围及极限位置时，可用双点画线画出其极限位置的外形轮廓。

（3）当需要表达钻具、夹具中所夹持工件的位置情况时，可用双点画线画出所夹持工件的外形轮廓。

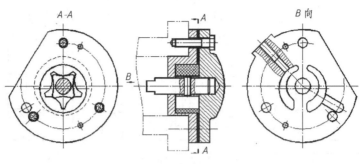

图 9-5 假想画法

2．拆卸画法

装配体上零件间往往有重叠现象，当某些零件遮住了需要表达的结构与装配关系时，可采用拆卸画法。

（1）假想将一些零件拆去后再画出剩下部分的视图。

（2）假想沿零件的结合面剖切，相当于把剖切面一侧的零件拆去，再画出剩下部分的视图。此时，零件的结合面上不画剖面线，但被剖切到的零件必须画出剖面线。

拆卸画法的拆卸范围比较灵活，可以将某些零件全拆，也可以将某些零件半拆，此时以对称线为界，类似于半剖。还可以将某些零件局部拆卸，此时，以波浪线分界，类似于局部剖。

采用拆卸画法的视图需加以说明时，可标注"拆去××零件"等字样。

3．装配图的简化画法

对于装配图中若干相同的零件和部件组，如螺栓连接等，可详细地画出一组，其余只需用点画线表示其位置即可；对薄的垫片等不易画出的零件，可将其涂黑；零件的工艺结构，如小圆角、倒角、退刀槽、起模斜度等，可不画出，如图 9-6 所示。

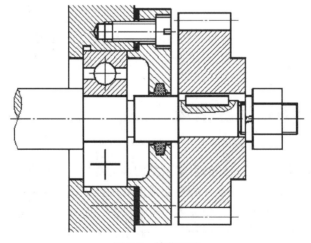

图 9-6 简化画法

（1）在装配图中，零件的工艺结构，如小圆角、倒角、退刀槽等可不画出。

（2）在装配图中，螺栓、螺母等可按简化画法画出。

（3）对于装配图中若干相同的零件组，如螺栓、螺母、垫圈等，可只详细地画出一组或几组，其余只用点画线表示出装配位置即可。

（4）装配图中的滚动轴承，可只画出一半，另一半按规定示意画法画出。

（5）在装配图中，当剖切平面通过的某些组件为标准产品，或该组件已由其他图形表达清楚时，则该组件可按不剖绘制。

（6）在装配图中，在不致引起误解、不影响看图的情况下，剖切平面后不需表达的部分可省略不画。

第三节　装配图中的尺寸标注

装配图的作用是表达零、部件的装配关系，因此，其尺寸标注的要求不同于零件图。不需要注出每个零件的全部尺寸，一般只需标注规格尺寸、装配尺寸、安装尺寸、外形尺寸和重要尺寸这五大类尺寸。

1. 规格尺寸

规格尺寸是说明部件规格或性能的尺寸，它是设计和选用产品时的主要依据。如图9-1 中的 $\phi25H8$ 就是规格尺寸。

2. 装配尺寸

装配尺寸是保证部件正确装配并说明配合性质及装配要求的尺寸。如图 9-1 中 52H9/f9、42H9/f9 及连接螺栓中心距等都属于装配尺寸。

3. 安装尺寸

安装尺寸是将部件安装到其他零、部件或基础上所需要的尺寸。如图 9-1 中地脚螺栓孔的尺寸等属于安装尺寸。

4. 外形尺寸

外形尺寸即机器或部件的总长、总宽和总高尺寸，它反映了机器或部件的体积大小，以提供该机器或部件在包装、运输和安装过程中所占空间的大小。如图 9-1 中的 164、80 和 54 即是外形尺寸。

5. 其他重要尺寸

除以上四类尺寸外，在装配或使用中必须说明的尺寸，如运动零件的位移尺寸等。

需要说明的是，装配图上的某些尺寸有时兼有几种意义，而且每一张图上也不一定都具有上述五类尺寸。在标注尺寸时，必须明确每个尺寸的作用，对装配图没有意义的结构尺寸不需注出。

第四节　读装配图和由装配图拆画零件图

一、读装配图的方法与步骤

不同的工作岗位看图的目的是不同的，有的仅了解机器或部件的用途和工作原理，有的要了解零件的连接方法和拆卸顺序，有的要拆画零件图等。一般来说，应按以下方法和步骤读装配图。

1．概括了解

从标题栏和有关的说明书中了解机器或部件的名称和大致用途，从明细栏和图中的序号了解机器或部件的组成。

对视图进行初步的分析，明确装配图的表达方法、投影关系和剖切位置，并结合标注的尺寸想象出主要零件的结构形状。

2．分析工作原理和装配关系

在概括了解的基础上，应对照各视图进一步研究机器或部件的工作原理和装配关系，从反映工作原理的视图入手，分析机器或部件中零件的运动情况，从而了解机器或部件的工作原理；从反映装配关系的视图入手，分析各条装配轴线，弄清零件相互间的配合要求、定位和连接方式等。

3．分析零件结构

对主要的复杂零件进行投影分析，想象出其主要形状及结构，必要时拆画出其零件图。

二、由装配图拆画零件图

1．看懂装配图应达到的要求

（1）了解部件功能、性能及工作原理。

（2）弄清楚零件之间的相互位置关系和装配连接关系。

（3）看懂提供的每个零件的形状和每个结构所起的作用。

2．看懂装配图的方法步骤

（1）以标题栏和明细表为索引，概括了解部件全貌。

（2）分析视图，找出主视图，再找出各视图间的关系，明确图示部位和投影的方向。特别是在视图较多的情况下，判定主视图或与主视图有关的基本视图，将有助于快速看图。

（3）重点分析零件和零件间的装配连接关系。要看懂装配图，首先要了解支持该部件某一功能的主要零件的结构、形状，其次了解围绕主要核心零件而设置的其他零件的功用，以及由此而引起的设计结构、工艺结构。看图方法应是借用分规、三角板、丁字尺，利用投影关系找图框或线段的对应关系。找图框是为了确定零件的某一部分的隶属关系，此时应同时找对应的序号。由图框的投影关系或图框上剖面线的方向、间隔的区别可以大致确定零件的轮廓。有时也可由标准件、常用件支承或安装连接某两零件来了解装配连接的关系。最明显的莫过于尺寸配合公差带代号、螺纹特征代号等。

（4）综合分析结果，理顺部件总体结构

围绕部件实现的功能，了解其工作原理，运行情况，装配检验要求。要审查自己是否看懂，可以试着将装配图想象成部件，回答如何将部件拆散，拆散的顺序又如何，如何将拆散的零件装配成为机器或者部件。

如图 9-7 所示为转子泵的装配图，而图 9-8 为拆画后的转子泵的零件图。

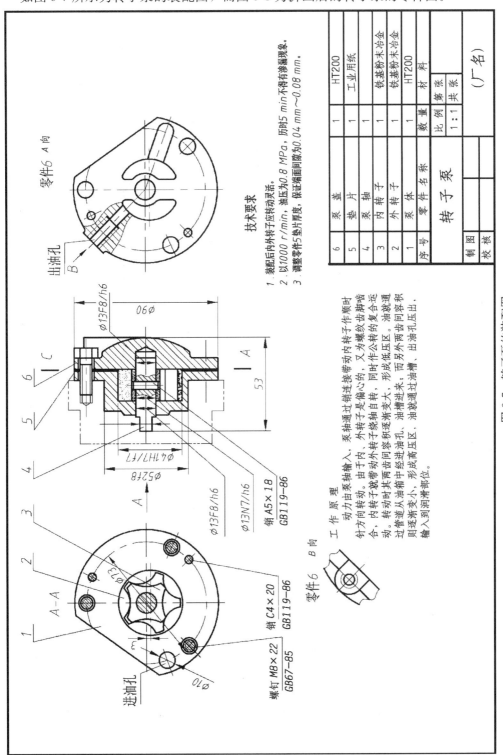

图 9-7　转子泵的装配图

6	泵 盖	1	HT200	
5	垫 片	1	工业用纸	
4	泵 轴	1	铁基粉末冶金	
3	内 转 子	1	铁基粉末冶金	
2	外 转 子	1	铁基粉末冶金	
1	泵 体	1	HT200	
序号	零 件 名 称	数 量	材　料	

比 例　1：1　　第　张　共　张

转 子 泵

制图　　　　　　（厂名）
校核

技术要求

1. 装配后内外转子应转动灵活。
2. 以 1000 r/min，油压为 0.8 MPa，历时 5 min 不得有渗漏现象。
3. 调整零件 5 垫片厚度，保证端面间隙为 0.04 mm～0.08 mm。

工 作 原 理

动力由泵轴输入。泵轴通过销连接带动内转子作顺时针方向转动。由于内、外转子是偏心的，同时作公转的内转子的外转子逐渐变大，形成低压区，油液通过管道从油箱中经进油孔、油槽进来，而另外两齿间容积逐渐变小，油液通过油槽、油液高压区，出油孔压出，则逐渐变小，形成高压区，出油孔压出，输入到润滑部位。

零件6 A 向

出油孔

B

φ13F8/h6

φ90

C

53

A

φ52f8

φ4H7/f7

φ13F8/h6

φ13N7/h6

销 A5×18
GB119—86

销 C4×20
GB119—86

螺钉 M8×22
GB67—85

零件6 B 向

进油孔

A—A

φ70

φ13

φ10

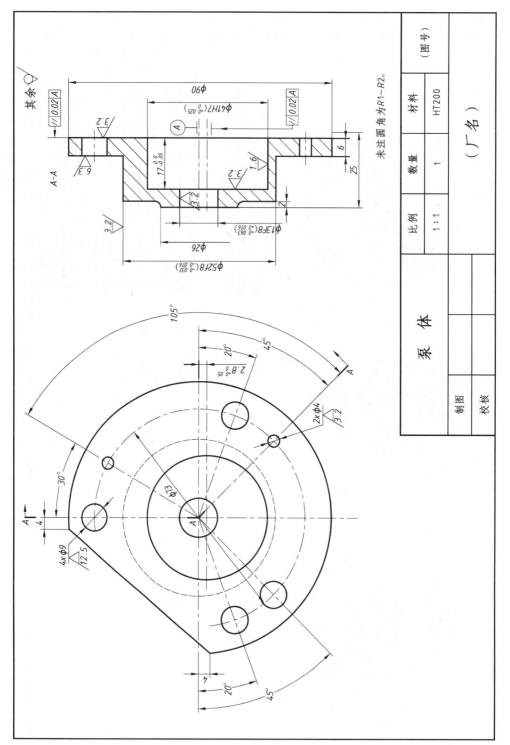

图 9-8　转子泵的零件图

第十章 计算机绘图基础

【知识目标】

1. 了解 AutoCAD 2008 的基本功能。
2. 理解 AutoCAD 2008 的绘图与设计方法。
3. 掌握 AutoCAD 2008 的使用、绘图与设计功能。

【能力目标】

1. 能运用 AutoCAD 2008 绘制平面图形。
2. 能运用 AutoCAD 2008 绘制零件图。
3. 能运用 AutoCAD 2008 绘制化工工艺流程图。

随着计算机图形技术的发展，计算机绘图的应用日益普及，计算机辅助设计、制图知识和基本技能成为工科院校学生必备的能力。AutoCAD 绘图软件在我国众多行业得到了广泛的使用，并被许多院校作为教学软件。考虑到各个学校使用的 AutoCAD 版本不尽相同，本书以 AutoCAD 2008 为例介绍，足以应对相关的绘图要求。

第一节 AutoCAD 2008 的应用

一、AutoCAD 2008 的基本常识

1. AutoCAD 2008 的启动

● 点击桌面上的 AutoCAD 2008 图标。如图 10-1 所示。

● 点击"开始"→"程序"→"AutoCAD 2008"命令。如图 10-2 所示。

● 点击"我的电脑"→双击 AutoCAD 2008 所在的硬盘→双击 AutoCAD 2008 文件夹→再双击 ACAD. EXE 程序。如图 10-3 所示。

图 10-1　AutoCAD 2008 图标启动　　　　图 10-2　　AutoCAD2008 程序启动

2. AutoCAD 2008 的用户界面

AutoCAD 2008 启动后的默认界面如图 10-4 所示。其工作界面主要由标题栏、下拉菜单栏、标准工具栏、对象特性工具栏、绘图工具栏、修改工具栏、绘图区、滚动条、命令行、状态栏、坐标系图标等组成。

图 10-3 AutoCAD 2008 文件夹启动

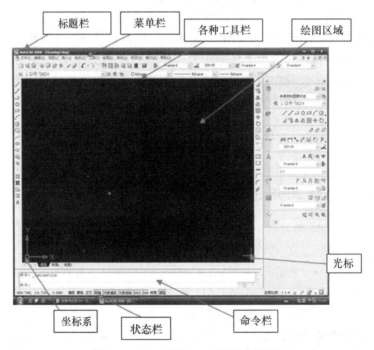

图 10-4　AutoCAD 2008 的用户界面

（1）标题栏

标题栏在用户界面的最上一行。左边为 AutoCAD 2008 图标及当前图形文件的名称；右边为最小化、最大化、还原和关闭按钮。

（2）菜单栏

菜单栏包括文件、编辑、视图、插入、格式、工具、绘图、标注、修改、窗口、帮助等主菜单。单击某一主菜单，会显示相应的下拉菜单；下拉菜单后面的省略号（…）表示会打开对话框，后有黑三角符号（如图 10-5 所示）则表示还有若干子菜单。

（3）工具栏

AutoCAD 2008 有 29 个工具栏，默认的工具栏有标准工具栏、绘图工具栏、修改工具栏、图层工具栏、对象特性工具栏和样式工具栏。这些工具栏一般摆放在固定位置，称为"固定工具栏"。

图 10-5 视图下拉菜单

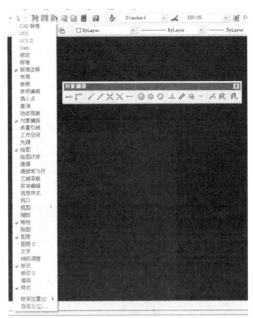

图 10-6 工具栏的位置、形状和定制

其他工具栏可运用下列方法调用：

● 将鼠标指向任意工具栏，点击右键，出现工具栏快捷菜单，如图 10-6 所示。选择相应工具栏按钮，使其工具栏名称前出现"√"，即可在绘图区域显示对应的工具栏。

● 利用菜单栏：选择"视图"→"工具栏"→"自定义"对话框，在"工具栏"列表框中，点击相应工具栏复选框即可。

这些可在绘图区域内任意摆放的工具栏，称为"浮动工具栏"，需要时可以选取，不需要时可以关闭。当然，浮动工具栏可以拖动到固定位置，固定工具栏也可以拖动到浮动位置或关闭。

（4）绘图区

绘图区是用户绘制图形的区域。鼠标移至绘图区域时，显示十字形状，其交点为定位点，绘图区左下角的用户坐标系同时显示其坐标值（x_i，y_i，z_i）。

绘图区下方还有"模型"、"布局1"、"布局2"选项卡，可实现模型空间和图纸空间的转换。

（5）命令行

在绘图区的下方，用户可直接用键盘输入命令进行操作，也可以显示鼠标操作的各种信息和提示。默认状态下，只显示最后三行命令或提示，必要时，也可以利用滚动条查看以前的操作信息。

（6）状态栏

状态栏用于反映或改变绘图状态。如是否启用捕捉、栅格、正交、极轴、对象捕捉、对象追踪、线宽、模型等重要信息。可根据绘图的需要进行设置和启用。

二、文件的管理

文件管理指创建新的图形文件、打开已存的图形文件、文件的存盘等操作。

1. 图形文件的新建、打开

（1）新建图形文件

● 菜单栏："文件"→"新建"。

● 工具栏：单击"新建"按钮。

● 命令栏：输入"NEW"命令。

命令输入后，弹出"选择样板"对话框。一般用户可以选择"Acad"样式。而 A2 样板、A3 样板、A4 样板则分别表示与 2 号、3 号、4 号图幅尺寸对应，如图 10-7 所示。单击"打开"按钮即可。

图 10-7　新建图形文件

（2）打开已存的图形文件

● 菜单栏："文件"→"打开"。

● 工具栏：单击"打开"按钮。

● 命令栏：输入"OPEN"命令。

命令输入后，弹出"选择文件"对话框。再通过存放文件的路径选择需要打开的文件。对话框有预览图形处，以方便确认选中的文件是否正确，如图 10-8 所示。单击"打开"按钮即可。

图 10-8　打开图形文件

2．图形文件的保存、退出

（1）保存图像文件

● 菜单栏："文件" → "保存"。

● 工具栏：单击"保存"按钮。

● 命令栏：输入"SAVE"命令。命令输入后，弹出"图形另存为"对话框。选择合适的保存目录，单击"保存"按钮即可。如图 10-9 所示。

图 10-9　"图形另存为"对话框

（2）退出 AutoCAD 2008

单击标题栏右边的"关闭"按钮，或选择菜单"文件" → "退出"，命令输入后，弹出"提示存盘"对话框。选择"是"、"否"或"取消"。如图 10-10 所示。

图 10-10　"提示存盘"对话框

第二节　绘制简单图形

一、命令的输入方法

1．命令的输入和结束

前面已经介绍，相同的操作可以分别运用三种不同的方法进行，这些都属于命令的输入方法。它们各有特色，如菜单栏完整清晰，工具栏直观明了，而命令行则执行速度快。用户可根据自己的绘图习惯，选择最适合自己的输入方法。

当一个命令执行完后，即自动结束；如果一个命令未执行完，想主动结束该命令，可按"Esc"按钮。

2．透明命令

透明命令是指在某一命令正在执行期间可插入执行的另一条命令，且执行完后，能回到原来执行命令状态。如"平移"、"缩放"等绘图辅助命令。一般的绘图命令插入执行后，不能回到原命令状态，则不是透明命令。

3．命令的重复、撤销、重做

（1）命令的重复

当需要重复执行相同的操作，除了重新输入命令外，还可以在绘图区域点击鼠标右键，选择"重复×××命令"。

（2）命令的撤销

- 菜单栏点击"编辑"→"放弃"。
- 命令栏输入"U"命令。
- 工具栏单击"放弃"按钮。

（3）命令的重做

- 菜单栏点击"编辑"→"重做"。
- 命令栏输入"REDO"命令。
- 工具栏单击"重做"按钮。

4．数据的输入方法

AutoCAD 2008 可以通过输入数据来精确绘图，需要在绘图命令提示中给出点的位置来实现。主要有如下几种方法：

（1）移动鼠标给点

当所需的点在确定的捕捉点时，直接移动鼠标，单击鼠标左键即可。

（2）键盘输入点坐标给点

坐标按数值的类型分为直角坐标和极坐标两种；按相对性又分绝对坐标和相对坐标两种。因此，有如下四种情况：

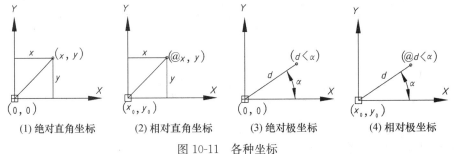

（1）绝对直角坐标　　（2）相对直角坐标　　（3）绝对极坐标　　（4）相对极坐标

图 10-11　各种坐标

绝对直角坐标：（x，y）即所给点与坐标原点（0，0）的水平、垂直距离分别为 x，y。如图 10-11（1）所示。

相对直角坐标：（@x，y）即所给点与图上指定点（x_0，y_0）的水平、垂直距离分别为 x，y。如图 10-11（2）所示。

绝对极坐标：（$d<\alpha$）即所给点与坐标原点（0，0）的直线距离为 d，而与 X 轴的夹角则为 α。其中，α 水平向右为 0°，逆时针为正，顺时针为负。如图 10-11（3）所示。

相对极坐标：（@$d<\alpha$）即所给点与图上指定点（x_0，y_0）的直线距离为 d，而与 X 轴的夹角则为 α。如图 10-11（4）所示。

（3）键盘直接输入距离给点

用鼠标导向，从键盘直接输入相对上一点的距离，按回车键确定点的位置。一般水平线、垂直线或设置了极轴追踪、有确定方向的线，用此方法绘制。

二、图层的设置

图层是 AutoCAD 的一个重要的绘图工具。

我们可以想象图层是一张透明纸，各层之间完全对齐，而且基准点相同。用户可以将具有相同线型和颜色的对象放在同一图层，这些图层叠放在一起，就构成了一幅完整的图形。

1. 图层设置

● 菜单栏："格式"→"图层"。

● 工具栏：单击"图层特性管理器"按钮。

● 命令栏：输入"LAYER"命令。

命令输入后，弹出"图层特性管理器"对话框。如图 10-12 所示。

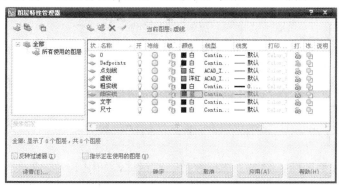

图 10-12 "图层特性管理器"对话框

各按钮作用：

● 新建：每点击一次，会出现一个新的图层（图层 1，图层 2，……）。为方便确认，可将其重命名为粗实线、点画线、尺寸……

● 当前：在"图层特性管理器"对话框中选定，且在绘图区域显示的图层。

● 删除：除 0 图层、当前图层和有实体对象的图层之外，可在"图层特性管理器"对话框中选定不用的空图层，点击删除按钮予以删除。

2. 图层列表框各选项功能及其设置

（1）名称

默认图层为"0"，其余图层自然排序为图层 1，图层 2，……可根据需要设置并命名，但各图层不能重名。对于机械制图，除 0 图层之外，一般还应设置粗实线、细实线、点画线、虚线、尺寸、文字、剖面线、剖切符号等。

（2）打开（关闭）

单击小灯泡图标进行切换，显示黄色为开，灰色为关。被关闭的图层，图形被隐藏，不能显示，也不能打印。

（3）冻结（解冻）

单击太阳或雪花图标进行切换，显示太阳为解冻，雪花为冻结。被冻结的图层，图形亦被隐藏，只是它依然参加处理过程的运算，所以，执行速度较关闭慢。当前图层不能被冻结。

（4）锁定（解锁）

单击锁形图标进行切换，含义和显示图形相同。被锁定的图层，其图形对象可以显示，但不能编辑，即不能改变原图形。

（5）颜色

单击该图层颜色图标，弹出"选择颜色"对话框，如图 10-13 所示。在该对话框中选择一种颜色，单击"确定"按钮。

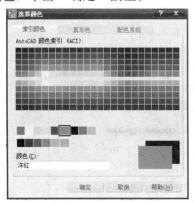

图 10-13   "选择颜色"对话框   图 10-14   "选择线型"对话框

（6）线型

单击该图层线型图标，弹出"选择线型"对话框，如图 10-14 所示。在该对话框中选择一种线型，单击"确定"按钮。

如列表框中没有你所需的线型，则需单击"加载"按钮，弹出"加载或重载线型"对话框，如图 10-15 所示。在该列表框中选择一种线型，单击"确定"按钮。系统返回"选择线型"对话框，重新选择后，单击"确定"按钮。

（7）线宽

单击该图层线宽图标，弹出"线宽"对话框，如图 10-16 所示。在该对话框中选择一种线宽，单击"确定"按钮。

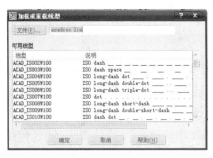

图 10-15   "加载或重载线型"对话框   图 10-16   "线宽"对话框

3．图层和对象特性工具栏

（1）图层工具栏

图层工具栏在标准工具栏的下方，如图 10-17 所示。包含图层特性管理器、图层列表框、当前图层和上一个图层。

图 10-17　图层工具栏

- 图层特性管理器：上一部分已介绍。
- 图层列表框：在设置完成后，可用来实现图层间的快速切换，提高绘图效率，也可以进行冻结与解冻、锁定与解锁等切换操作。
- 当前图层：将选定对象所在图层设置为当前图层。
- 上一个图层：用于返回到刚操作过的上一个图层。

（2）对象特性工具栏

对象特性工具栏在图层工具栏的右侧，如图 10-18 所示。四个列表框分别显示当前图层的颜色、线型、线宽及打印格式。必要时，可临时改变绘图操作的相关要素，但不会改变图层的相应设置。因此，不提倡进行临时改变操作，易造成图层设置的混乱。

图 10-18　对象特性工具栏

4．改变现有图形的特性

（1）改变成已设置的某一图层特性

操作方法：选择该图形对象后，在下列操作后，选择相应的图层。

- 菜单栏："格式"→"图层"。
- 工具栏：单击"图层特性管理器"按钮。
- 图层工具栏中图层列表框。

（2）改变成具有特殊细节的特性

在选择图形对象后，点击标准工具栏中的"特性"按钮，弹出"特性"选项卡，如图 10-19 所示。再对基本特性或几何图形特性进行必要的修改。

图 10-19　"特性"选项卡

三、基本绘图命令

机械制图以平面图形来表达立体的机械零件及设备。作为计算机辅助设计的工具，AutoCAD 2008 提供了丰富的绘图及编辑命令，使绘图效率大大提高。

绘制二维图形的命令，采用菜单栏和工具栏调用较为便捷。两种方法各有千秋，正如前面直线和圆的绘制所介绍的那样：工具栏更快捷，而菜单栏对不同给定条件针对性更强。

1. 绘制直线

● 菜单栏："绘图" → "直线"。

● 工具栏：单击 "直线" 按钮。

● 命令栏：输入 "LINE" 命令。命令输入后，第一点一般默认坐标原点（0，0）或输入第一点绝对坐标（x_0，y_0），也可由鼠标在绘图区域任意确定一点，第二点则可由下列几种方法确定：

（1）绝对直角坐标（x_1，y_1）或相对直角坐标（@x_1，y_1）。

（2）绝对极坐标（$d<\alpha$）或相对极坐标（@$d<\alpha$）。

如果连续绘制，下一点总是与前一点相对。如果直线等于或多于三条，还可输入 C，使其自动连接第一条直线的起点，形成闭合的多边形；输入 U，则为放弃该直线的绘制。

2. 绘制圆

● 菜单栏："绘图" → "圆"。

● 工具栏：单击 "圆" 按钮。

● 命令栏：输入 "CIRCLE" 命令。

绘制圆，推荐使用菜单栏下拉菜单的子菜单：一般具体给出绘制圆的给定条件，主要有如下几种：（如图 10-20 所示）

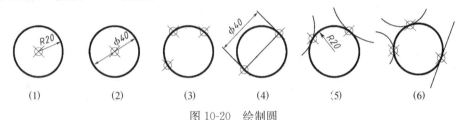

(1)　(2)　(3)　(4)　(5)　(6)

图 10-20　绘制圆

（1）圆心、半径：指定圆心，再输入半径。

（2）圆心、直径：指定圆心，再输入直径。

（3）二点：指定圆上任意直径的两个端点。

（4）三点：指定圆上任意三点。

（5）相切、相切、半径：指定与两个已存在的对象（直线或圆弧）相切，且给定半径。

（6）相切、相切、相切：指定与三个已存在的对象（直线或圆弧）相切。

3. 绘制点

点是组成图形的最基本的对象之一。

（1）设置点的样式

实际上点是没有大小的，为了能让图面显示点的存在，AutoCAD 2008 提供了 20 种不同样式的点，用户可以根据需要进行设置，如图 10-21 所示。除选择样式之外，还可选择确定点在图面上的大小尺寸。

（2）单点或多点

输入一次命令，绘制一个或多个点。

推荐采用菜单栏："绘图" → "点" → "单点" 或 "多点"。

其中，单点绘制完后自动结束命令；多点则需按"Esc"按钮才能结束命令。

（3）绘制等分点

将已知图形对象（包括直线、圆弧、圆、椭圆、椭圆弧等）进行等分，又分定数等分和定距等分两种。

① 定数等分：不管已知图线有多长、每份长多少。

推荐使用菜单栏："绘图"→"点"→"定数等分"。

选择要等分的对象：（选择直线 L）

输入线段数目：（6）

按回车键，结果如图 10-22 所示。

图 10-21　"点样式"对话框

图 10-22　"定数等分"线段示例

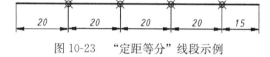

图 10-23　"定距等分"线段示例

② 定距等分：不论已知图线能分多少段、是否能全部分完。

推荐使用菜单栏："绘图"→"点"→"定距等分"。

选择要等分的对象：（靠近起点选择直线 L）

指定线段长度：（40）

按回车键，结果如图 10-23 所示。

图 10-24　"圆弧"子菜单

4. 绘制圆弧

圆弧的绘制推荐采用菜单栏下拉菜单的子菜单，如图 10-24 所示。

以下一一介绍子菜单中的 11 种绘制圆弧的方法。结果如图 10-25 所示。

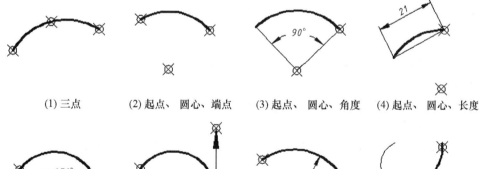

(1) 三点　　(2) 起点、圆心、端点　　(3) 起点、圆心、角度　　(4) 起点、圆心、长度

(5) 起点、端点、角度　　(6) 起点、端点、方向　　(7) 起点、端点、半径　　(8) 继续

图 10-25　圆弧的绘制方法

（1）三点方式

"绘图"→"圆弧"→"三点"。

指定圆弧的起点：（点 a）→指定圆弧的第二点：（点 b）→指定圆弧的端点：（点 c）

（2）起点、圆心、端点方式

"绘图"→"圆弧"→"起点、圆心、端点"。

指定圆弧的起点：（点 a）→指定圆弧的圆心：（点 o）→指定圆弧的端点：（点 b）

（3）起点、圆心、角度方式

"绘图"→"圆弧"→"起点、圆心、角度"。

指定圆弧的起点：（点 a）→指定圆弧的第二点：（点 o）→指定圆弧的包含角：（90°）

（4）起点、圆心、长度方式

"绘图"→"圆弧"→"起点、圆心、长度"。

指定圆弧的起点：（点 a）→指定圆弧的圆心：（点 o）指定圆弧的弦长：（40）

注：圆弧的弦长为正时，是逆时针从起点到终点的劣弧；圆弧的弦长为负时，则是顺时针从起点到终点的优弧。

（5）起点、端点、角度方式

"绘图"→"圆弧"→"起点、端点、角度"。

指定圆弧的起点：（点 a）→指定圆弧的端点：（点 b）→指定圆弧的角度：（120°）

（6）起点、端点、方向方式

"绘图"→"圆弧"→"起点、端点、方向"。

指定圆弧的起点：（点 a）→指定圆弧的端点：（点 b）→指定圆弧起点的切线：（切线方向上的点）

（7）起点、端点、半径方式

"绘图"→"圆弧"→"起点、端点、半径"。

指定圆弧的起点：（点 a）→指定圆弧的端点：（点 b）→指定圆弧的半径：（40）。

（8）继续

该方式是绘制与上一条直线、圆弧或多段线相切的圆弧。

此外，还有"圆心、起点、端点方式"、"圆心、起点、角度方式"以及"圆心、起点、长度方式"，与2、3、4方式类似，只是操作顺序变化而已。

5．绘制多段线

多段线是由一组等宽或不等宽的直线或圆弧组成的实体（整体）。

● 菜单栏："绘图"→"多段线"。

● 工具栏：单击"多段线"按钮。

● 命令栏：输入"PLINE"命令。

推荐使用工具栏，操作较方便。在指定起点后，显示当前线宽为0，命令栏给出的提示为：指定下一点或【圆弧（A）/半宽（H）/长度（L）/放弃（U）/宽度（W）】。

选项说明：

（1）指定下一点：在当前线宽下确定直线的终点。

（2）圆弧（A）：输入A，将绘制直线改为绘制圆弧。

系统提示：指定圆弧端点或【角度（A）/圆心（CE）/闭合（CL）/方向（D）/半宽（H）/直线（L）/半径（R）/第二点（S）/放弃（U）/宽度（W）】。

其中，角度（A）：指定圆弧的圆心角，正值逆时针绘制，负值顺时针绘制。

圆心（CE）：指定圆弧的圆心。

闭合（CL）：与起点相连，形成闭合多段线。

方向（D）：确定圆弧起点切线方向。

直线（L）：将绘制圆弧改为绘制直线。

半径（R）：指定圆弧半径。

第二点（S）：输入第二点绘制半圆弧。

（3）半宽（H）：确定图线的半宽（起点、终点分别输入）。

（4）长度（L）：指定绘制的直线长度。其方向与前一段相同（直线）或相切（圆弧）。

（5）放弃（U）：取消上一段的绘制。

宽度（W）：确定图线的宽度。

【例 10-1】　绘制如图 10-26 所示多段线。

图 10-26　多段线的示例

作图步骤：点击"多段线"按钮，指定起点→输入 A（转入绘制圆弧）→输入 W（设置线宽）→起点 10→端点 10→输入 D（指定起点切线方向 270°）→鼠标水平向右，输入 90（外径 100，减去两个半宽）→鼠标水平向左到起点，点击左键确定→输入 L（转入绘制直线）→鼠标水平向右，捕捉到圆心，点击左键确定→输入 W（设置线宽）→起点 20→端点 0→鼠标水平向右，捕捉到圆弧右端点，点击左键确定→点击右键，选择"确定"。结束绘图。

6. 绘制正多边形

AutoCAD 可精确绘制 3～1024 边数的正多边形（均为封闭实体），并提供边长、内接于圆、外切于圆 3 种绘制方法。

● 菜单栏："绘图"→"多边形"。

● 工具栏：单击"多边形"按钮。

● 命令栏：输入"POLYGON"命令。

（1）边长方式

输入命令→输入边数（默认为 4）→输入 E（改变为边长方式）→指定边的第一个端点（1）→指定边的第二个端点（2）。

（2）内接于圆方式

输入命令→输入边数（默认为 4）→指定多边形中心点→直接回车（因默认为内接于圆方式）→指定圆的半径。

（3）外切于圆方式

输入命令→输入边数（默认为 4）→指定多边形中心点→输入 C（改变为外切于圆方式）→指定圆的半径。

结果如图 10-27 所示。

(1) 边长方式　　　　　(2) 内接于圆方式　　　　　(3) 外切于圆方式

图 10-27　绘制正多边形

7．绘制矩形

AutoCAD 还分别可以绘制一般矩形、带倒角的矩形、带圆角的矩形和带线宽的矩形（亦均为封闭实体）。如图 10-28 所示。

- 菜单栏："绘图"→"矩形"。
- 工具栏：单击"矩形"按钮。
- 命令栏：输入"RECTANG"命令。

（1）一般矩形

输入命令→指定第一个角点→指定另一个角点。

(1) 一般矩形　　　(2) 带倒角矩形　　　(3) 带圆角矩形　　　(4) 带线宽矩形

图 10-28　绘制矩形

（2）带倒角的矩形

输入命令→输入 C（改变为倒角设置）→指定第一个倒角距离→指定第二个倒角距离→指定第一个角点→指定另一个角点。

思考：若要绘制带不等边倒角的矩形，应如何操作？

（3）带圆角的矩形

输入命令→输入 F（改变为圆角设置）→指定圆角半径→指定第一个角点→指定另一个角点。

（4）带线宽的矩形

输入命令→输入 W（改变为宽度设置）→指定图线宽度→指定第一个角点→指定另一个角点。

8．绘制椭圆和椭圆弧

AutoCAD 可以分别采用轴端点方式、中心点方式、旋转角方式绘制椭圆及椭圆弧。如图 10-29（1）～（4）所示。

- 菜单栏："绘图"→"椭圆"。

● 工具栏：单击"椭圆"按钮。

● 命令栏：输入"ELLIPSE"命令。

（1）轴端点方式

输入命令→指定轴端点（a）→指定轴第二个端点（b）→指定另一条半轴长度（c）。

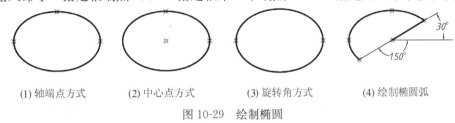

　（1）轴端点方式　　　（2）中心点方式　　　（3）旋转角方式　　　（4）绘制椭圆弧

图 10-29　绘制椭圆

（2）中心点方式

输入命令→输入 C（改变为中心点方式）→指定中心点（o）→指定轴端点（a）→指定另一半轴端点（c）。

（3）旋转角方式

输入命令→指定轴端点（a）→指定轴第二个端点（b）→输入 R（改变为旋转角方式）→指定旋转角度（45）。

（4）绘制椭圆弧

输入命令→输入"圆弧"命令→指定椭圆弧轴端点（a）→指定轴第二个端点（b）→指定另一条半轴长度（c）→指定起始角度（如 30）→指定终止角度（如 210）。

9．绘制样条曲线

样条曲线是通过一系列给定点的光滑曲线，如波浪线、正弦曲线等。

● 菜单栏："绘图"→"样条曲线"。

● 工具栏：单击"样条曲线"按钮。

● 命令栏：输入"SPLINE"命令。

输入命令→指定起点（1）→指定下一点（2）→指定下一点（3）→指定下一点（4）→指定下一点（5）→指定下一点（6）→回车→指定起点切向→指定终点切向。

结果如图 10-30 所示。

图 10-30　绘制样条曲线示例

如果绘制首尾相连的样条曲线，输入 C（闭合），则系统提示：指定终点切向。

【例 10-2】　设置图层，并绘制如图 10-31 所示图形。

（1）设置图层：点击"图层特性管理器"按钮，弹出"图层特性管理器"对话框，点击"新建"按钮，分别将图层名称改为"点画线"、"粗实线"、"细实线"、"文字"、"尺寸"；将各种线型通过"加载"设定；将粗实线的线型改为"0.3"。

（2）用直线命令绘图。

分析：倾斜 150°的线段没有长度，作为封闭线段较好，因此，从长度为 10 线段的下

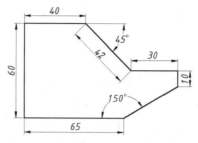

图 10-31　使用直线命令绘图

端（逆时针绘制）或长度为 65 线段的右端（顺时针绘制）开始均可。

　　点击"直线"命令→指定第一点（10 的下端）→鼠标向上，输入"10"，回车→鼠标向左，输入"30"，回车→鼠标向左上，输入"@45＜135"，回车→鼠标向左，输入"40"，回车→鼠标向下，输入"60"，回车→鼠标向右，输入"65"，回车→输入"C"。

　　操作过程如图 10-32 所示。

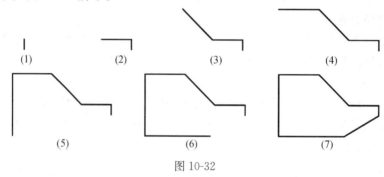

图 10-32

第三节　绘制平面图形

一、系统设置

1. 设置图形界限

用来确定绘图的范围，相当于确定手工绘图时图纸的大小（图幅）。

● 菜单栏："格式"→"图形范围"。

● 命令行：输入"LIMITS"命令。

指定左下角点或 [开（ON）/关（OFF）]（0.00，0.00）：回车或输入相应坐标。

指定右上角点（420，297）：回车或输入相应坐标。

　　其中，开（ON）表示系统检查图形界限，不接受设定的图形界限之外的点输入；而关（OFF）则用于关闭其检查功能。

2. 设置绘图单位

用来设置绘图的长度、角度单位和数据精度。

● 菜单栏："格式"→"单位"。

● 命令行：输入"UNITS"命令。

命令输入后，弹出"图形单位"对话框。如图 10-33 所示。

图 10-33　"图形单位"对话框

"图形单位"对话框的选项组，一般都选择默认设置：

"长度"：为小数，精度为"0.00"。

"角度"：为十进制度数，精度为"0"。

"拖放比例"：为毫米。

3. 系统选项设置

系统选项设置是 AutoCAD 2008 提供的对系统的绘图环境进行设置和修改的对话框，共有文件、显示、打开和保存、打印、系统、用户系统配置、草图、选择、配置 9 个选项卡。

（1）调用"选项"对话框

调用方法：菜单栏："工具"→"选项"。

命令输入后，弹出选项对话框。如图 10-34 所示。

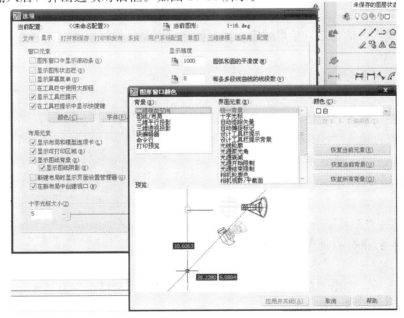

图 10-34　"选项"对话框

各选项卡功能：

文件：用于指定有关文件的搜索路径、文件名和文件位置。

显示：用于设置窗口元素、布局元素；设置光标的十字线长度，设置显示精度、显示性能等。

打开和保存：用于设置打开和保存图形有关的各项控制。

打印：用于设置打印机和打印参数。

系统：用于确定 AutoCAD 的一些系统设置。

用户系统设置：用于优化系统的工作方式。

草图：用于设置对象自动捕捉、自动追踪等绘图辅助功能。

选择：用于选择对象方式和夹点功能等。

配置：用于新建、重命名和删除系统配置等操作。

（2）改变绘图区的背景颜色

绘图区的背景颜色默认为黑色。为了将图形剪贴至绘图板或 Word 文档，可以将其改变为白色，亦可以改变为其他或缓解视觉疲劳的柔和色，或具有强烈视觉对比冲击效果的色调。

操作方法如下：

菜单栏："工具"→"选项"→"显示"→"颜色"，在弹出的"颜色选项"对话框中，将"颜色"列表框更改为合适的颜色，然后单击"应用并关闭"按钮。返回"选项"对话框，单击"确定"按钮。

二、绘图辅助工具及其设置

1. 捕捉和栅格功能

捕捉和栅格是 AutoCAD 2008 提供的精确绘图工具之一。

栅格是可以显示在绘图区具有指定间距的点，它不是图形的组成部分，不能被打印；捕捉可以将绘图区的特定点拾取锁定；捕捉栅格点则是让鼠标只落在栅格点上。捕捉和栅格均为透明命令。

（1）栅格显示和设置

① 显示

● 状态栏：单击"栅格"按钮。

● 命令行：输入"GRID"命令。

命令输入后，绘图区域出现间距相等的点，如图 10-35 所示。

② 设置

● 菜单栏："工具"→"草图设置"。

● 状态栏：鼠标右键单击"栅格"按钮，选择"设置"。

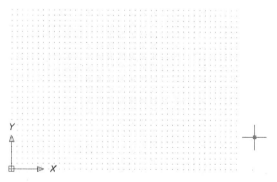

图 10-35　栅格显示

命令输入后，弹出"草图设置"对话框，选择"捕捉和栅格"复选框。如图 10-36 所示，在其中输入数值或选项。

（2）栅格捕捉

● 状态栏：单击"捕捉"按钮。

● 命令行：输入"SNAP"命令。

命令输入后，用鼠标输入点时，只会落在栅格点上；但若用键盘输入点的坐标数值，则不受限制。

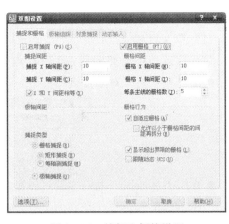

2．正交或极轴功能

在状态栏，正交与极轴是互锁的，即打开正交，极轴自动关闭；打开极轴，正交自动关闭。二者只能选其一。

图 10-36 捕捉和栅格设置

（1）正交

在正交状态，只能绘制水平线和垂直线，且保证这两种线不偏不倚。

● 状态栏：单击"正交"按钮。

● 命令行：输入"ORTHO"命令。

（2）极轴

在极轴状态，除了水平线和垂直线外，还可以绘制指定角度的线。这就要求对极轴进行设置。

● 菜单栏："工具"→"草图设置"。

● 状态栏：鼠标右键单击"对象追踪"按钮，选择设置。

命令输入后，弹出"草图设置"对话框，选择"极轴追踪"复选框。如图 10-37 所示，在"增量角"文本框里输入数值，选择"启用极轴追踪"和"用所有极轴角设置追踪"选项。这时，凡是增量角的整数倍角度均被追踪。若需要对某一特定角实施追踪，还可点击"新建"，在"附加角"文本框里输入角度值，则该角度被追踪（不含其他整数倍角度）。

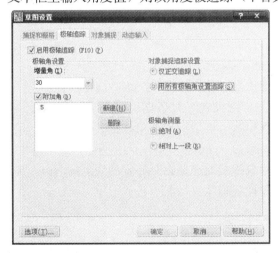

图 10-37 "极轴追踪"复选框

3．对象捕捉与追踪

为了提高绘图效率，准确拾取某些特殊点，可采用对象捕捉与追踪。又可分为单一对象捕捉、自动对象捕捉和对象捕捉追踪。

（1）单一对象捕捉

每一次操作可以捕捉到一个特殊点，操作后功能关闭。

● 工具栏：将"对象捕捉"打开，成为浮动工具栏，如图 10-38 所示。

图 10-38　对象捕捉工具栏

● 在绘图区域按"上档"键，再单击鼠标右键，打开快捷菜单，如图 10-39 所示。

对象捕捉的特殊点包括端点、中点、交点、外观交点、延长线上的点、圆心、象限点、切点、垂足、平行线上的点、节点、插入点等。

图 10-39　对象捕捉快捷菜单

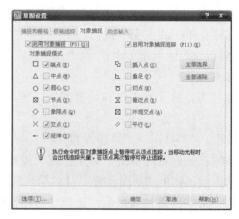

图 10-40　对象捕捉设置

（2）自动对象捕捉

经常需要准确拾取的特殊点，且一般不会误认时，可采用自动对象捕捉，同样需要事先设置。

● 菜单栏："工具" → "草图设置"。

● 状态栏：鼠标右键单击"对象捕捉"按钮，选择设置。

命令输入后，弹出"草图设置"对话框。选择"对象捕捉"复选框，如图 10-40 所示。选定需要的对象捕捉模式，然后启用对象捕捉。

（3）对象捕捉追踪

和极轴追踪一样，对象捕捉追踪是在某特定的线上拾取点，需同时进行捕捉和追踪的设置，只是需要启用对象捕捉追踪。（同上）

三、图形的显示控制

在绘图过程中，将图形放大或缩小，以便查看绘图和编辑的结果，这时，可以利用实时缩放、窗口缩放和平移进行图形的显示控制。

1. 实时缩放

实时缩放是指利用鼠标的上下移动来放大或缩小图形。

● 菜单栏："视图"→"缩放"→"实时"。

● 工具栏：单击"实时缩放"按钮（放大镜图标）。

● 命令行：输入"Zoom Realtime"命令。

命令输入后，直接回车，鼠标显示放大镜图标，按住鼠标左键，上移放大，下移缩小，然后点击"返回缩放"按钮还原。

2. 窗口缩放

窗口缩放是指放大指定矩形窗口中的图形，使其充满绘图区。

● 菜单栏："视图"→"缩放"→"窗口"。

● 工具栏：单击"窗口缩放"按钮（方口放大镜图标）。

● 命令行：输入"Zoom Window"命令。

命令输入后，直接回车，鼠标显示方口放大镜图标，按住鼠标左键拖出矩形，窗口内图形充满绘图区。同样，可点击"返回缩放"按钮还原。

3. 平移图形

平移图形是指利用鼠标上下左右移动，以观察放大的图形中不同部位的操作。

● 菜单栏："视图"→"平移"。

● 工具栏：单击"平移"按钮（手掌图标）。

图 10-41 相关缩放工具按钮

● 命令行：输入"PAN"命令。

命令输入后，直接回车，鼠标显示手掌图标，按住鼠标左键，沿需要观察部分的反方向移动，即将需要观察的部分移进绘图区域。若需还原，则点击鼠标右键，然后点击"返回"按钮。

上述工具按钮如图 10-41 所示。从左到右分别为"实时平移"、"实时缩放"、"窗口缩放"和"缩放上一个"。其中，"窗口缩放"下还有另 8 个按钮可供选择。

【例 10-3】 绘制如图 10-42 所示图形。

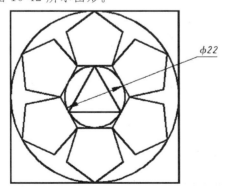

图 10-42 平面图形绘制

（1）设置图层：点击"图层特性管理器"按钮，弹出"图层特性管理器"对话框，点击"新建"按钮，分别将图层名称改为"点画线"、"虚线"、"粗实线"、"细实线"、"文字"、"尺寸"、"双点画线";分别将颜色改为"红"、"洋红"、"蓝色"、"252(灰色)"等;将各种线型通过"加载"设定;将粗实线的线型改为"0.3"。

（2）分析：因为只有一个尺寸（小圆直径），故从小圆开始绘制。绘制前需先设置对象捕捉：端点、圆心；设置极轴追踪。

小圆："圆"→指定圆心→输入半径11,回车;

正三角形："正多边形"→输入边数3,回车→指定中心点（圆心），回车（默认内接于圆）→指定圆的半径11;

正六边形："正多边形"→输入边数6,回车→指定中心点（圆心）→输入C,回车（改为外切于圆）→指定圆的半径11;

六个正五边形："正多边形"→输入边数5,回车→输入E,回车（改为边长方式）→指定边长的起点,指定边长的终点（顺时针沿正六边形一条边,则正五边形在外侧）;重复六次;

大圆："圆"→指定圆心（于小圆同心）→指定半径（捕捉到正五边形的外顶点）;

正方形："正多边形"→输入边数4,回车→指定中心点（圆心）→输入C,回车（改为外切于圆）→指定圆的半径（捕捉大圆半径）。

第四节　零件图的绘制

一、选择对象

编辑是在AutoCAD绘图过程中对图形中的某一（或某些）图形元素进行修改的操作。一般均需经过选择对象、输入编辑命令两个步骤。

选择对象的方式很多,这里推荐以下几种：

（1）直接单击对象方式

用于要选择的对象较少且对象较大的情况。

（2）全部方式

需选择绘图区域内所有对象,输入"ALL",回车。

（3）窗口内部方式

从左向右形成的窗口,全部在窗口内的对象被选中。

（4）窗口相交方式

从右向左形成的窗口,只要有部分在窗口内的对象均被选中。

（5）扣除方式

先用全部方式选择所有对象,输入R后回车,再单击要扣除的对象。

二、常用的编辑命令

1. 删除对象

● 菜单栏："修改"→"删除"。

● 工具栏：单击"删除"按钮。

● 命令栏：输入"ERASE"命令。

输入命令后，选择要删除的对象，回车结束命令。

2. 复制对象

● 菜单栏："修改"→"复制"。

● 工具栏：单击"复制"按钮。

● 命令栏：输入"COPY"命令。

又分单个复制和多重复制两种。如图 10-43 所示。

单个复制：输入命令，选择要复制的对象后回车，指定基点（1），指定复制对象的安放点（2）。

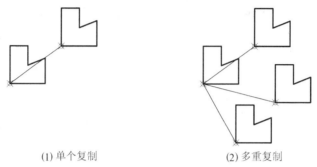

(1) 单个复制　　　　　　　　(2) 多重复制

图 10-43　复制示例

多重复制：输入命令后，选择要复制的对象后回车，输入 M（重复），指定基点（1），指定第一个复制对象的安放点（2）；指定第二个复制对象的安放点（3）；指定第三个复制对象的安放点（4）；……回车结束命令。

3. 镜像对象

镜像对象也是一种复制，只不过与原图形对称。当绘制的图形对称时，可以只画其一半，然后利用镜像功能复制出另一半来。

● 菜单栏："修改"→"镜像"。

● 工具栏：单击"镜像"按钮。

● 命令栏：输入"MIRROR"命令。

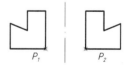

图 10-44　镜像示例

输入命令，选择要镜像的对象后回车，指定镜像线（图中点画线）的第一点；指定镜像线的第二点；直接按回车结束命令，如图 10-44 所示，原对象 P_1 和新对象 P_2 均在。若输入 Y，则删除原对象 P_1，保留新对象 P_2。

4. 偏移对象

偏移是对对象的另一种复制：它将指定的直线、圆、圆弧等对象做同心偏移复制，根据偏移的距离，原对象弯曲趋势不变，但大小发生改变。直线作为特例，没有弯曲趋势，因此相当于平行复制。

● 菜单栏："修改"→"偏移"。

● 工具栏：单击"偏移"按钮。

● 命令栏：输入"OFFSET"命令。

偏移对象又分指定偏移距离方式和指定通过点方式两种。

指定偏移距离方式：输入命令后，指定偏移距离，选择要偏移的对象，确定偏移所在的一侧（P_1）；继续执行偏移命令或回车结束命令。

指定通过点方式：输入命令后，输入 M（转入指定通过点方式），选择要偏移的对象，指定通过点，继续执行偏移命令或回车结束命令。

示例如图 10-45 所示。

图 10-45　偏移对象示例

5. 阵列对象

阵列对象是将图形元素按行、列或圆周等距地批量复制。

● 菜单栏："修改"→"阵列"。

● 工具栏：单击"阵列"按钮。

● 命令栏：输入"ARRAY"命令。

阵列又分矩形阵列和环形阵列两种。

矩形阵列：输入命令后，弹出阵列对话框，选择矩形阵列，如图 10-46 所示。输入行数，输入列数，输入行间距（正向上，负向下），输入列间距（正向右，负向左），输入阵列的旋转角度（行与水平线的夹角），点击"选择对象"按钮，返回绘图区，选择要阵列的对象后回车，点击"确定"按钮。如图 10-47 所示。

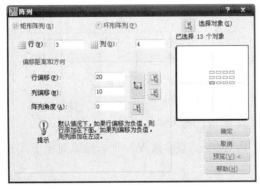

图 10-46　"矩形阵列"对话框

图 10-47　矩形阵列示例

环形阵列：输入命令后，弹出阵列对话框，选择环形阵列，如图 10-48 所示。点击"拾取点"，返回绘图区，选择环形阵列中心点，在以下三种方法中选择一种："项目总数"、"填充角度"和"项目间角度"（正值逆时针，负值顺时针）；选择是否旋转阵列对象（默认旋转，如不旋转，点击复选框去掉"√"）；点击"选择对象"按钮，返回绘图区，选择要阵列的对象后回车，点击"确定"按钮。如图 10-49 所示。

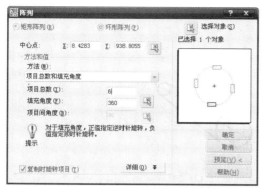

图 10-48　"环形阵列"对话框

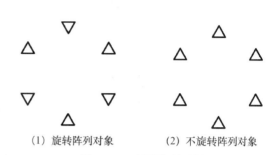

（1）旋转阵列对象　　　（2）不旋转阵列对象

图 10-49　环形阵列示例

6.　移动对象

将某一图形对象不改变其大小和形状，从一点移动到另一点的操作。

● 菜单栏："修改"→"移动"。

● 工具栏：单击"移动"按钮。

● 命令栏：输入"MOVE"命令。

移动又有选择基点法和输入移动位置法两种。如图 10-50 所示。

选择基点法：输入命令后，选择要移动的对象，回车，指定基点，指定第二点，回车结束命令。

输入移动位置法：输入命令后，选择要移动的对象，回车，输入对象将要移动到的位置的相对坐标，回车结束命令。

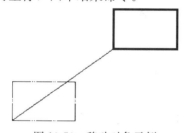

图 10-50　移动对象示例

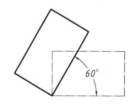

图 10-51　指定旋转角度方式示例

7.　旋转对象

将某一图形对象不改变其大小和形状，只是绕某一点旋转一个角度的操作。

● 菜单栏："修改"→"旋转"。

● 工具栏：单击"旋转"按钮。

● 命令栏：输入"ROTATE"命令。

旋转又有指定旋转角度方式和参照方式两种。

指定旋转角度方式：输入命令后，选择要旋转的对象，回车，指定旋转基点，指定旋转角度（如 60，正值逆时针，负值顺时针）；回车结束命令。如图 10-51 所示。

参照方式：输入命令后，选择要旋转的对象，回车，输入 R（转变为参照方式），指定参考角度（80），输入新角度（30）；回车结束命令。如图 10-52 所示。

8.　比例缩放对象

将某一图形元素按比例放大或缩小的操作。

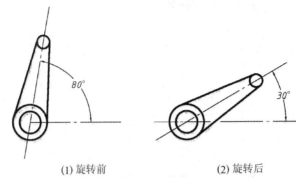

(1) 旋转前　　　　　　　　(2) 旋转后

图 10-52　参照方式示例

● 菜单栏："修改"→"缩放"。

● 工具栏：单击"缩放"按钮。

● 命令栏：输入"SCALE"命令。

比例缩放又有指定比例因子方式和参照方式两种。

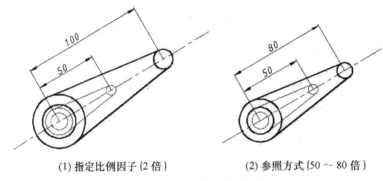

(1) 指定比例因子(2 倍)　　　(2) 参照方式(50 ～ 80 倍)

图 10-53　比例缩放示例

指定比例因子方式：输入命令后，选择要缩放的对象（R1），回车，指定基点（P_1），指定比例因子，回车结束命令。新图形为 R2，如图 10-53（1）所示。0＜比例因子＜1 为缩小，比例因子＞1 为放大。

参照方式：输入命令后，选择要缩放的对象，回车，输入 R（转变为参照方式），指定参考长度（80），输入新长度（100）；回车结束命令。如图 10-53（2）所示。新长度＞原长度为放大，反之为缩小。

9. 修剪对象

将图形中某一边界之外的部分切除的操作。

● 菜单栏："修改"→"修剪"。

● 工具栏：单击"修剪"按钮。

● 命令栏：输入"TRIM"命令。

输入命令后，选择剪切的边界，选择要剪切的对象（若同时按住上档键，则为选择要延伸的对象），回车结束命令。如图 10-54 所示。如果要修剪的对象与边界无交点，即使有边界延长线之外的部分，也不会被修剪。

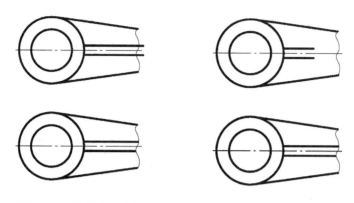

图 10-54　修剪对象示例　　　　图 10-55　延伸对象示例

10. 延伸对象

将图形中部分图线延伸到某一边界之处的操作。

● 菜单栏："修改"→"延伸"。

● 工具栏：单击"延伸"按钮。

● 命令栏：输入"EZTEND"命令。

输入命令后，选择延伸的边界，选择要延伸的对象（若同时按住上档键，则为选择要剪切的对象），回车结束命令。如图 10-55 所示。与修剪不同，要延伸的对象，可以延伸到边界线延伸趋势所到之处。

11. 倒角

将两条相交的直线或多段线进行倒角的操作。

● 菜单栏："修改"→"倒角"。

● 工具栏：单击"倒角"按钮。

● 命令栏：输入"CHAMFER"命令。

倒角又有给定两个距离和给定一个距离一个角度两种。

给定两个距离：输入命令后，输入 C（设定距离），指定第一个距离，指定第二个距离，选择第一条直线，选择第二条直线，结果如图 10-56（1）、（2）所示。

给定一个距离一个角度：输入命令后，输入 A（设定距离、角度），指定第一个距离，指定另一条直线的倒角角度，选择第一条直线，选择第二条直线，结果如图 10-56（3）所示。

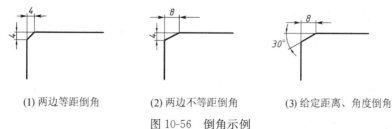

(1) 两边等距倒角　　　(2) 两边不等距倒角　　　(3) 给定距离、角度倒角

图 10-56　倒角示例

如果对多段线倒角，在选择直线时先输入 P（改变为多段线）。

倒角还有修剪与不修剪之分，默认为修剪，若在选择直线前输入 N，则为不修剪。如

图 10-57 所示。

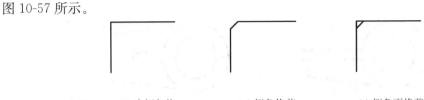

(1) 未倒角前　　　　　　(2) 倒角修剪　　　　　　(3) 倒角不修剪

图 10-57　倒角修剪与否示例

12. 倒圆角

将两个图形元素（可以是直线、圆、圆弧、多段线等）之间进行倒圆角的操作。

● 菜单栏："修改"→"圆角"。

● 工具栏：单击"圆角"按钮。

● 命令栏：输入"FILLET"命令。

输入命令后，输入 R（设定圆角半径），输入半径值，选择第一个对象，选择第二个对象，结果如图 10-58 所示。

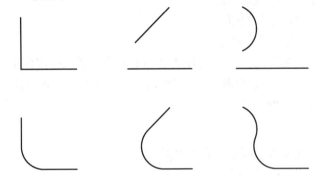

图 10-58　倒圆角示例

在倒圆角操作中，多段线的操作及是否修剪与倒角类似。

同时，倒圆角还广泛用于圆弧连接，大大提高了绘图效率。

13. 分解对象

前面介绍的矩形、正多边形、多段线等均为实体（类似的，还有后边将介绍的块、尺寸、填充等），如果要对它们进行局部的修改，就必须将它们分解成单个的元素。

● 菜单栏："修改"→"分解"。

● 工具栏：单击"分解"按钮。

● 命令栏：输入"EXPLODE"命令。

输入命令后，选择对象，回车结束命令，如图 10-59 所示。

14. 编辑多段线

对多段线进行编辑的操作。

推荐选择菜单栏："修改"→"对象"→"多段线"命令。

输入命令后，选择多段线（如果为多条输入 M），输入选项【打开（O）/合并（J）/宽度（W）/编辑顶点（E）/拟合（F）/样条曲线（S）/非曲线化（D）/线型生成（L）/放弃（U）】。

(1) 原图形　　　　　　　(2) 分解前被选　　　　　　(3) 分解后被选

图 10-59　对象分解示例

其中：

打开：是将闭合多段线的封闭线删除，形成不封口的多段线；反之，闭合则是添加封闭线，形成封闭的多段线。

合并：是将与多段线相连的其他直线、圆弧、多段线合并成一条多段线（必须是不封闭的）。

拟合：是将多段线变为通过各顶点并且彼此相切的光滑曲线。如图 10-60（2）所示。

样条曲线：是将多段线修改成为样条曲线。如图 10-60（3）所示。

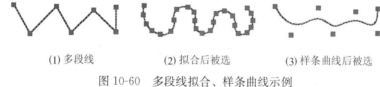

(1) 多段线　　　　　　(2) 拟合后被选　　　　　(3) 样条曲线后被选

图 10-60　多段线拟合、样条曲线示例

三、图案填充和对象特性编辑

1. 创建图案填充

机械图样中的剖面符号，用不同的图案表示不同的材质，这些图案的绘制，在 Auto-CAD 中称为图案填充。

创建图案填充则是设置填充的图案、角度、比例等参数，最终完成填充操作的过程。

- 菜单栏："绘图"→"图案填充"。
- 工具栏：单击"图案填充"按钮。
- 命令栏：输入"BHATCH"命令。

输入命令后，弹出"图案填充"对话框，有"图案填充"和"渐变色"两个选项卡，如图 10-61 所示。

（1）"图案填充"选项卡

类型：又分预定义、用户定义和自定义三种。对于机械制图而言，预定义就足够了。

图案：可用下拉列表框，也可以用"填充图案选项板"选择。如图 10-62 所示。

角度：实际填充图案与"填充图案选项板"上图案之间的夹角（逆时针为正）。

比例：实际填充图案大小与"填充图案选项板"上图案大小之间的比值。

组合：关联表示填充图案随边界的变化而变化；不关联则表示退出图案不随边界变化而变化。如图 10-63 所示。

（2）"渐变色"选项卡

用于以渐变色方式填充颜色，如图 10-64 所示。渐变色填充又有"单色"和"双色"

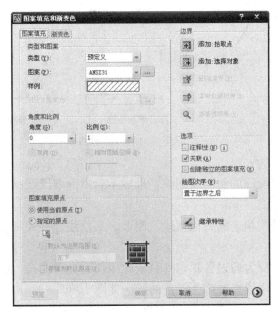

图 10-61　"图案填充和渐变色"对话框

图 10-62　填充图案选项板

(1) 拉伸前　　　　　　　(2) 关联的拉伸　　　　　　(3) 不关联的拉伸

图 10-63　关联/不关联示例

两种，前者是单色的浓淡变化，后者则是在两种颜色之间逐渐过渡。下方的九个图像按钮用于选择色调变化的分布状况。

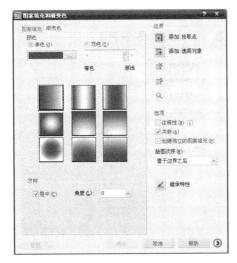

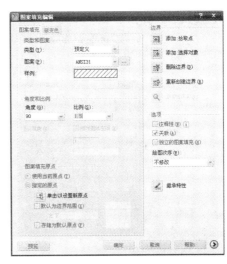

图 10-64　"渐变色"选项卡示例　　　图 10-65　"图案填充编辑"对话框

2. 编辑图案填充

用于对已填充的图案进行修改。

推荐选择菜单栏："修改"→"对象"→"图案填充"命令。

输入命令后，选择需要修改的填充图案，弹出"图案填充编辑"对话框，如图 10-65 所示（与"边界图案填充"对话框同）。重新选择"图案"、"角度"、"比例"等，点击"确定"按钮结束命令。

3. 使用对象特性编辑

用于修改或查询对象的属性。

● 菜单栏："修改"→"特性"。

● 工具栏：单击"特性"按钮。

图 10-66　"特性"对话框

先选择对象，再输入命令，弹出"特性"对话框，可对"基本"选项组、"几何图形"选项组及"其他"选项组的属性进行修改，如图 10-66 所示。

四、文字标注

工程图样除了表达对象形状的图形，还需要文字和尺寸，以便看图的人能准确理解其含义。本章介绍 AutoCAD 中文字、尺寸样式的设置、标注及编辑。

1. 文字样式的设置

文字样式设置的目的是既要符合国家制图标准的要求，又能方便快捷地调用不同字体、不同大小、不同方向的文字进行注写。

● 菜单栏："格式"→"文字样式"命令。

● 工具栏：单击"文字样式"按钮。

● 命令行：输入"STYLE"命令。

命令输入后，弹出"文字样式"对话框，如图 10-67 所示。

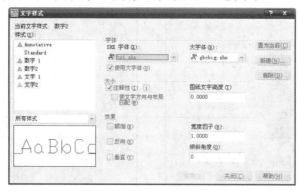

图 10-67　　"文字样式"对话框

（1）样式名选项组

用于设置当前的文字样式：建立新的文字样式，或将已有的文字样式更名（或删除）。可分别点击"新建"、"重命名"、"删除"按钮进行设置。

推荐设置"文字 1"、"文字 2"、"字母数字 1"、"字母数字 2"、"特殊图案"等。其中，1 组为印刷体，2 组为手写体，分别用于题头的注写和一般注写。

点击"新建"按钮，弹出"新建文字样式"对话框，如图 10-68 所示。在"样式名"中输入新的名称后，单击"确定"按钮，则在文字样式的"样式名"下拉列表框中被确立。

图 10-68　　"新建文字样式"对话框

（2）字体选项组

用于确定所选文字样式的字体、大小等。

字体：各文字样式所对应的字体推荐见表 10-1。

大小：按字体的高度确定大小。

表 10-1　字体选项表

文字样式名	字体名
文字 1	宋体
文字 2	仿宋体
字母数字 1	Times New Roman
字母数字 2	Txt
特殊图案	Webdings，Wingdings，Wingdings2，Wingdings3

（3）效果选项组

用于确定一组字体的某种特征，与正常文字相比，表现文字的"颠倒"、"反向"、"倾斜"状况以及宽度变化。其中，正的倾斜角度形成"正倾斜"，负的倾斜角度则形成"反倾斜"，如图 10-69 所示。

图 10-69　文字"效果"示例

2．单行文字的输入

● 菜单栏："绘图"→"文字"→"单行文字"命令。

● 命令行：输入"DTEXT"命令。

命令输入后，命令行显示当前文字样式和高度，提示指定文字起点或【对正（J）/样式（S）】→提示指定文字高度→提示指定文字的旋转角度→输入文字→按回车结束文字输入。

这时，所指定的起点为输入文字的最左端，样式为文字样式栏所显示的样式。

如果要改变"对正"或"文字样式"，则须分别输入"J"或"S"。

若输入"J"回车，系统提示：输入选项【对齐（A）/调整（F）/中心（C）/中间（M）/左上（TL）/中上（TC）/右上（TR）/左中（ML）/正中（MC）/右中（MR）/左下（BL）/中下（BC）/右下（BR）】。

各选项含义：

对齐（A）：使文字均匀分布在指定的起点和终点之间，其高度和宽度自动调整；

调整（F）：使文字均匀分布在指定的起点和终点之间，其高度保持不变，宽度自动调整；

中心（C）：左右的中点；

中间（M）：上下的中点；

其余各项分别表示指定点在输入文字的不同位置。

3．多行文字的输入

（1）输入

● 菜单栏："绘图"→"文字"→"多行文字"命令。

● 工具栏：单击"多行文字"（A）按钮。

● 命令行：输入"MTEXT"命令。

命令输入后，命令行显示当前文字样式和高度，提示指定第一角点→提示指定对角点或【高度（H）/对正（J）/行距（L）/旋转（R）/样式（S）/宽度（W）】。

这时，弹出"文字格式"对话框，显示多行文字的输入范围、字体、字高、堆叠等信息，如图 10-70 所示。

图 10-70　"文字格式"对话框

堆叠：将多行文字从左到右单行排列转化成为分数或公差值形式的工具。利用"/"、"♯"和"^"，分别可以将其前后的字母或数字转化成为用分数线、斜杠分隔，或形成上下公差形式，见表 10-2。

表 10-2　堆叠形式标注示例

堆叠前	堆叠后
a／b	$\dfrac{a}{b}$
a♯b	a／b
a^b	$\dfrac{a}{b}$

（2）编辑

● 菜单栏："修改"→"对象"→"文字"→"编辑"命令。

● 命令行：输入"DDEDIT"命令。

● 直接双击多行文字。

命令输入并选择对象后，弹出"文字格式"对话框。这时，不仅可以修改多行文字的内容，还可以改变文字样式、字高以及多行文字的输入范围、排列方式等。

4．特殊字符及表格中的文字输入

（1）特殊字符的表达方法见表 10-3。

表 10-3　特殊字符表

符　号	功　能
％％D	度（°）
％％P	正负公差（±）符号
％％C	直径（ϕ）符号
％％O	上划线
％％U	下划线

（2）表格中的文字一般要求处在表格的正中位置，推荐采用多行文字方法输入：

工具栏：单击"多行文字"（A）按钮→指定第一角点（左下角）→点击鼠标右键→输入 S（设置）→输入 MC（正中）→指定对角点（右上角）→输入文字→点击"确定"。

如果表格大小相同，可直接复制，然后编辑修改文字。

如果表格大小不同，则需分别作对角线，然后通过捕捉对角线中点复制编辑。

五、尺寸标注

尺寸标注四要素分别为尺寸线、尺寸界线、尺寸起止符号和尺寸数字。AutoCAD 也应满足《机械制图》对上述要素的基本要求。

1．尺寸标注的组成和类型

在 AutoCAD 中，共有 12 种尺寸标注类型，分别为快速标注、线性标注、对齐标注、坐标标注、半径标注、直径标注、角度标注、基线标注、连续标注、引线标注、公差标注和圆心标注等。图 10-71 所示为"标注"工具栏。此外，还可用"标注"菜单进行标注。

图 10-71　"标注"工具栏

2．设置尺寸标注的样式

尺寸标注，既要符合有关制图的国家标准规定，又要满足不同比例图面的协调，所以，要对尺寸标注样式进行设置，以便得到正确统一的尺寸样式。

● 菜单栏："标注"→"样式"命令。

● 工具栏：单击"标注样式"按钮。

● 命令行：输入"DIMSTYLE"命令。

命令输入后，弹出"标注样式管理器"对话框，如图 10-72 所示。

各选项功能：

"当前标注样式"标签：用于显示当前使用的标注样式名称。

"样式"列表框：用于列出当前图中已有的尺寸标注样式。

"预览"框：用于预览当前尺寸标注样式的标注效果。

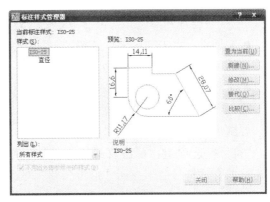

图 10-72 "标注样式管理器"对话框

"置为当前"按钮：用于将所选的标注样式确定为当前的标注样式。

"新建"按钮：用于创建新的尺寸标注样式。单击"新建"按钮后，弹出"创建新标注样式"对话框，如图 10-73 所示。

图 10-73 "创建新标注样式"对话框

在"创建新标注样式"对话框里，输入新样式名，选择基础样式和适用范围，点击"继续"按钮，弹出"新建标注样式"对话框。如图 10-74 所示，由"直线和箭头"、"文字"、"调整"、"主单位"、"换算单位"及"公差"几个选项卡构成，各自功能将在下一部分介绍。

"修改"按钮：用于修改已有的标注尺寸样式。单击该按钮后，弹出"修改标注样式"对话框，与"新建标注样式"对话框功能类似。

"替代"按钮：用于设置当前标注样式的替代样式。单击该按钮后，弹出"替代标注样式"对话框，与"新建标注样式"对话框功能类似。

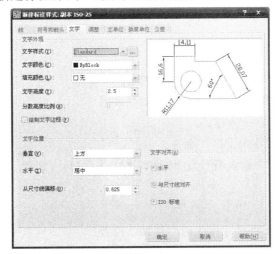

图 10-74 "新建标注样式"对话框

3. 标注形位公差

● 工具栏：点击"公差"按钮。

● 菜单栏："标注"→"公差"。

● 命令行：输入"TOLERANCE"命令。

输入命令后，弹出"形位公差"对话框，如图 10-75 所示。

各选项功能：

"符号"选项组：单击符号栏小方框，弹出"特征符号"对话框，如图 10-76 所示。点击选取合适符号后，返回"形位公差"对话框。

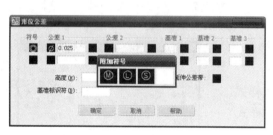
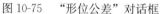

图 10-75　"形位公差"对话框　　　　　图 10-76　"特征符号"对话框

"公差"选项组：第一个小方框，确定是否加直径"ϕ"符号；第二个小方框，输入公差值；第三个小方框，确定附加条件，单击它，弹出"附加条件"对话框。

"基准 1/2/3"选项组：第一个小方框，设置基准符号；第二个小方框，确定附加条件。

"高度"文本框：设置公差的高度。

"基准标识符"文本框：设置基准标识符。

"投影公差带"复选框：确定是否在公差的后面加上投影公差符号。

设置后，单击"确定"按钮，退出"形位公差"对话框，指定插入公差的位置，完成公差标注。

4. 编辑尺寸标注

（1）对已经标注的尺寸形式进行修改的操作。

● 工具栏：点击"编辑标注"按钮。（推荐采用）

● 菜单栏："标注"→"倾斜"。

● 命令行：输入"DIMEDIT"命令。

输入命令后，提示"输入标注编辑类型【默认（H）/新建（N）/旋转（R）/倾斜（O）】"→选择对象。

各选项功能：

"默认"选项：用于将尺寸标注退回到默认位置。

"新建"选项：用于打开"多行文字编辑器"对话框，来修改尺寸数据。

"旋转"选项：用于将尺寸数字旋转指定的角度。

"倾斜"选项：用于将尺寸界线旋转一定角度。

（2）对已经标注的尺寸数字进行修改的操作。

● 工具栏：点击"编辑标注文字"按钮。

● 菜单栏："标注"→"对齐文字"。（推荐采用）

● 命令行：输入"DIMTEDIT"命令。

输入命令后，提示"指定标注文字的新位置或【左（L）/右（R）/中心（C）/默认（H）/角度（A）】"→选择对象。

本命令与上一命令在尺寸数字旋转角度方面有重叠，增添了文字在尺寸线不同部位的摆放功能，且用不同方法，在选择对象顺序上也有所不同。

第五节　创建与使用图块

图块是图形中一个或多个对象所组成的一个整体；它用一个块名保存，可以根据作图需要插入到图中任意指定的位置，还可以按不同的比例和旋转角度插入。

使用图块，可以提高绘图速度、节省存储空间、便于修改图形，还能添加属性，使相同的图形附带上不同的型号、参数等信息。

一、创建图块

在当前图形中创建、保存和使用的图块，称为内部图块；作为独立的图形文件保存，能够在任何图形文件中使用的，称为外部图块。

1. 内部图块

● 菜单栏："绘图"→"块"→"创建"。

● 工具栏：单击"图块"按钮。

● 命令行：输入"BLOCK"命令。

输入命令后，弹出"块定义"对话框，如图 10-77 所示。

图 10-77　"块定义"对话框　　　　　图 10-78　创建内部图块示例

各选项卡功能：

名称：为图块命名，如"计量罐"、"螺栓"等。

基点：便于插入恰当的位置，如圆形图样选择圆心，粗糙度选择下顶点等。

对象：要创建成图块的图形元素，如"计量罐"符号，如图 10-78 所示。"保留"、

"转换为块"及"删除"分别表示原对象不变、变为块、被删除三种情况。

其他选项卡可以不变。

最后单击"确定"按钮，完成创建操作。

2. 外部图块

● 命令行：输入"WBLOCK"命令。

输入命令后，弹出"写块"对话框，如图 10-79 所示。除"名称"变为"文件名和路径"外，其余选项卡与"块定义"相同。

图 10-79　"写块"对话框

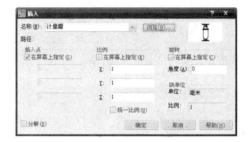

图 10-80　"插入"对话框

二、插入图块

● 菜单栏："插入"→"块"。

● 工具栏：单击"插入块"按钮。

● 命令行：输入"INSERT"命令。

输入命令后，弹出"插入"对话框，如图 10-80 所示。

各选项卡功能：

名称：可在下拉列表框里选中内部图块，也可以通过点击"浏览"，在"选择图形文件"对话框中选择需要的外部图块。

"插入点"、"缩放比例"和"旋转"既可以在文本框输入数值，也可以选择复选框，在屏幕上指定。

三、编辑图块

不同的图块有不同的编辑方法。

1. 内部图块

因为只能在当前图形中使用，所以只能是在插入后进行编辑；又因为它是一个整体，所以插入后必须先将其分解才能编辑；然后，重新创建块；单击"确定"按钮，结束编辑。这时，当前图形中的图块都自动修改为新图块。

2．外部图块

因为外部图块是一个独立的图形文件，所以可以直接打开进行修改，关闭保存后，就形成新图块。

四、设置图块属性

1．定义图块属性

图块属性是从属于图块的非图形信息，即图块中的文本对象，它是图块的一个组成部分，与图块构成一个整体。在插入图块时，用户可以根据提示，输入属性定义的值，从而便捷地形成带不同属性的图块。

● 菜单栏："绘图"→"块"→"定义属性"命令。

● 命令行：输入"ATTDEF"命令。

输入命令后，弹出"属性定义"对话框，如图 10-81 所示。

各选项卡功能：

模式：有不可见、固定、验证和预制四个选项，一般选"验证"。

属性：有标记、提示、值三个文本框，分别输入属性的标志、需提示的信息和预设的属性值。

插入点：是属性文本排列在图块中的位置。一般单击"拾取点"按钮在绘图区指定。

文字选项：设置对正、文字样式、高度、旋转等特性。

为液罐图形设置属性定义的对话框，如图 10-81 所示。单击"确定"按钮，完成定义图块属性的操作，结果如图 10-82 所示。

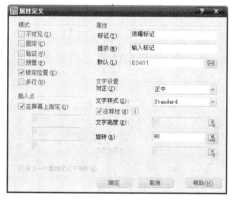

图 10-81　"属性定义"对话框

图 10-82　定义图块属性结果示例

2．插入带属性的图块

同普通内部图块，只是不管比例和旋转角度发不发生改变，命令行都会提示：是否输入新的属性值。输入，则图块带有新的属性值；直接回车，则图块保持原有的属性值。

3．图块属性的编辑

如果要对带属性的图块进行编辑，可先选择该图块，单击鼠标右键，出现菜单，选择"编辑属性"，弹出"增强属性编辑器"对话框，分别对"属性"、"文字选项"、"特性"相关设置进行修改即可，如图 10-83 所示。

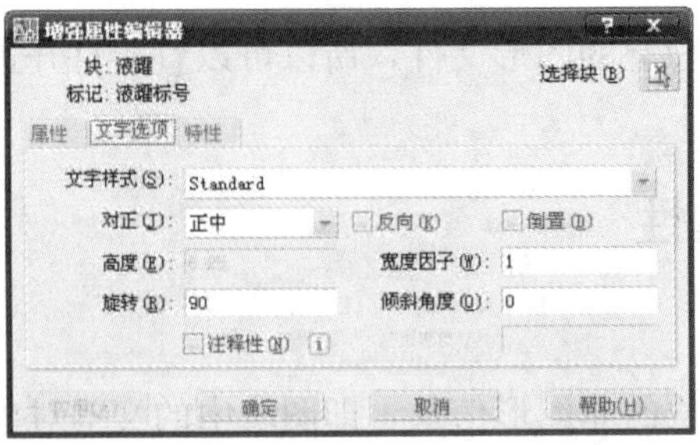

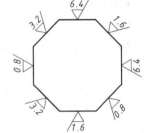

图 10-83　"增强属性编辑器"对话框

【例 10-4】　用如图 10-84 所示的正八边形的外表面表示机件不同的部位，根据《机械制图》的规范，用带属性的图块完成表面粗糙度的标注。

分析：如图所示，表面粗糙度带有数值，所以需要采用带属性的图块。同时，需要分别在工件的上、下、左、右及上左、下左、上右、下右共八个表面标注表面粗糙度。除所有的粗糙度符号应垂直于所在的表面之外，其数值在上右、上、上左、左表面与符号同向，而下左、下、下右及右表面，数值与符号反向。

图 10-84　表面粗糙度的标注

（1）绘制边长为 50 的正八边形。

（2）绘制表面粗糙度符号：（设置极轴追踪增量角为 30°）用细实线绘制：单击"直线"命令，指定起点；鼠标水平向左，输入"10"，回车；鼠标向右下追踪 300°，输入"10"，回车；鼠标向右上追踪 60°，输入"20"，回车。

（3）设置图块属性："绘图"→"块"→"定义属性"。弹出"属性定义"对话框→"属性"选项组中，"标记"文本框输入"ccd"，"提示"文本框输入"CD"，"值"文本框输入"3.2"→单击"插入点"按钮，选择表面粗糙度符号水平线中点上约 5 毫米处→"文字选项"选项组中，"对正"选择"正中"，"字高"选择"5"，"旋转"选择"0"，单击"确定"按钮。

（4）创建"带属性的块"（以创建内部图块为例，创建外部图块由学生自己完成）：单击"创建块"按钮，弹出"块定义"对话框→"名称"输入"粗糙度"→"插入点"：选择粗糙度符号下顶点→"选择对象"：选择粗糙度符号及属性标记→单击"确定"按钮→弹出"编辑属性"对话框（是否更改预设属性值），单击"确定"按钮。

（5）插入"带属性的块"：单击"插入块"按钮→弹出"插入"对话框→选择"名称"为"粗糙度"→"插入点"和"旋转"均选择"在屏幕上指定"；"缩放比例"三个方向均为 1 保持不变。

其中，上侧（以逆时针为序）粗糙度分别为 1.6，3.2，6.4，0.8 的，直接选择"捕捉到中点"，然后，沿正八边形外表面顺时针移动鼠标，使表面粗糙度符号定位；单击鼠标右键，在命令栏分别输入"1.6"、"3.2"、"6.4"、"0.8"即可（其中，粗糙度数值为3.2 时，可直接回车，不需重新输入。下同）。

（6）图块属性的编辑：下侧的粗糙度，因符号的方向与粗糙度数值的方向相反，在分别输入"3.2"、"1.6"、"0.8"和"6.4"后，还需分别调整其粗糙度数值的方向，使其头部向上或向左，即在确定了粗糙度符号方向以后，将其属性值方向旋转180°（即左下侧的旋转角由135°改为315°，下部由180°改为0°，右下侧由225°改为45°，右侧则由270°改为90°。这样，各粗糙度符号和数值均满足《机械制图》规范要求）。

第六节　绘制正等测轴测图

由《机械制图》知，轴测图是用斜投影法得到的，所以，它实际上是具有立体感的平面图形。轴测图的绘制不需要三维作图知识，因此创建比较简单，常用来帮助读图的人理解工程图样。

一、轴测图模式

正等测轴测图三个轴间夹角均为120°，AutoCAD提供了专门的模式，使用者能方便地确定轴向尺寸，绘制图形。

其执行方法为：

（1）选择"工具"菜单→点击"草图设置"命令→选择"捕捉和栅格"选项卡→设置"捕捉类型和样式"选项组为"等轴测捕捉"模式，如图10-85所示。

（2）当设置成"等轴测"模式后，屏幕上的十字光标处于等轴测平面上，即"上面"、"左侧"、"右侧"，如图10-86所示。

（3）按"F5"键，可进行不同的等轴测平面间转换，三个等轴测平面的光标显示如图10-87所示。

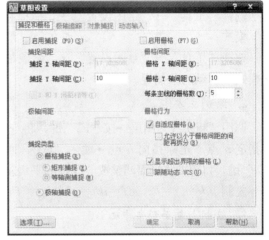

图10-85　轴测图模式设置示例

图10-86　等轴测平面示例

图10-87　三个等轴测平面的光标显示示例

二、绘制正等测轴测图

下面以图10-88所示为例，说明轴测图模式下相应的选项及操作。

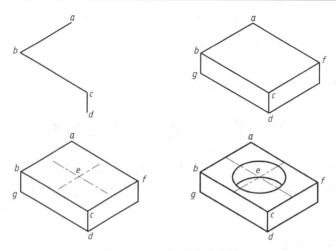

图 10-88 绘制轴测图示例

1. 轴测模式设置

选择"工具"→"草图设置"→"捕捉和栅格"→"捕捉类型和样式"→"等轴测捕捉"模式;

选择"工具"→"草图设置"→"对象捕捉"→设置"端点"、"中点"和"交点"捕捉模式,启动对象捕捉。

2. 绘制立方体

调用"粗实线"图层→按"F5"键,将等轴测平面调整成"等轴测平面上"→"直线"→指定 a 点,光标移向 b 点→输入"60",回车,光标指向 c 点→输入"80",回车→按"F5"键,将等轴测平面调整成"等轴测平面左",光标指向 d 点→输入"20",回车,回车。

复制 $gd=af=bc$, $cf=dh=ab$, $bg=fh=cd$。

3. 绘制上表面两条中心线

调用"点画线"图层→按"F5"键,将等轴测平面调整成"等轴测平面上"→"直线"→捕捉到中点→两线交于上表面形状中心 e。

4. 绘制椭圆

调用"粗实线"图层→"椭圆"→输入"I"(等轴测圆),回车→指定圆心 e→输入"25"(等轴测圆半径),回车。

向下复制一个椭圆,基点"B"移向"G"。

5. 修剪底圆孔的不可见部分

"修剪"→选择上方椭圆为边界,回车→点击下方需要修剪的部位,回车。

三、轴测图注写文字

在三个等轴测平面上注写文字,必须设置一定的倾斜和旋转角度,使之看上去比较协调,如图 10-90 所示。

其中:

上表面的倾斜角度为 $-30°$、旋转角度为 $30°$,或者倾斜角度为 $30°$、旋转角度为

$-30°$；

左侧面倾斜角度为$-30°$、旋转角度为$-30°$；

右侧面倾斜角度为$30°$、旋转角度为$30°$。

四、轴测图尺寸标注

1. 尺寸的标注

线型尺寸 60、80、20："标注"→"对齐"→指定尺寸起点→指定尺寸终点，回车→指定尺寸线位置。

直径尺寸 $\phi50$："标注"→"对齐"→指定尺寸起点→指定尺寸终点→输入"M"（多行文字）→输入"％％C"（加直径符号），回车→指定尺寸线位置。

2. 调整尺寸方向

以 60 为例："标注"→"倾斜"→选择尺寸 60，回车→单击"C"点→单击"B"点（尺寸界线沿"CB"方向）。结果如图 10-89 所示。

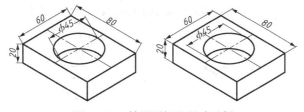

图 10-89 轴测图标注尺寸示例

第七节 应用设计中心绘制装配图

AutoCAD 设计中心是一个集管理、查看和重复利用图形的多功能高效工具。通过设计中心，可以将某一图形中的图块添加到其他图形中，还可将已有图形的任意对象，如图层设置、图块、文字样式、尺寸标注样式等添加到其他图形中，使用户可以不需要重复设置，而直接利用资源共享提高绘图效率。

一、CAD 设计中心的启动和组成

● 菜单栏："工具"→"AutoCAD 设计中心"。

● 工具栏：单击"设计中心"按钮。

● 命令行：输入"ADCENTER"命令。

输入命令后，弹出"设计中心"窗口，如图 10-90 所示。由上至下分别为"工具栏"、"选项卡"、"树状视图区"和"内容区"四个部分。

各选项卡功能：

文件夹：用文件夹列表显示图形文件。

打开的图形：显示当前已打开的图形及相关内容。

历史记录：显示用户最近浏览过的 AutoCAD 图形。

联机设计中心：通过互联网得到的在线帮助。

图 10-90 "设计中心"窗口

二、使用设计中心

1. 查找图形文件

单击工具栏上"搜索"按钮,弹出"搜索"对话框,如图 10-91 所示,可查找所需的图形文件。

图 10-91 "搜索"对话框

2. 打开图形文件

有两种方法:

一是用右键菜单,选择"在应用程序窗口中打开",如图 10-92 所示,打开该图形文件并设置为当前图形。

图 10-92 用快捷菜单打开图形示例

　　二是用拖动方式，在设计中心的内容区，单击需打开的图标，按住鼠标左键将其拖动到 AutoCAD 除绘图区以外的任何地方，松开左键，该图形文件打开并设置为当前图形。

三、复制图形文件

　　亦有两种方法：

　　一是用右键菜单，选择"复制"，然后粘贴到所需的图形中。

　　二是用拖动方式，在设计中心的内容区，单击需打开的图标，按住鼠标左键将其拖动到 AutoCAD 绘图区，松开左键，该图形文件被作为一个图块，插入到当前图形中。

四、整理、完善图形

　　如调用零件图绘制装配图，需将零件图分解，插入到恰当位置后，还要对图线进行必要的增删，补充完善其他视图及明细栏等。

参 考 文 献

[1] 郭红利，张元莹. 工程制图 [M]. 北京：科学出版社，2011.

[2] 胡宜鸣，孟淑华. 机械制图 [M]. 北京：高等教育出版社，2001.

[3] 同济大学，上海交通大学，等. 机械制图 [M]. 北京：高等教育出版社，2005.

[4] 钱可强. 机械制图 [M]. 北京：高等教育出版社，2007

[5] 梁德本，叶玉驹. 机械制图手册 [M]. 北京：机械工业出版社，2002.

[6] 胡建生. 化工制图 [M]. 北京：化学工业出版社，2008.

[7] 孙安荣，刘德玲. 化工制图 [M]. 北京：人民卫生出版社，2009.

[8] 熊洁羽. 化工制图 [M]. 北京：化学工业出版社，2008.

[9] 陆英. 化工制图 [M]. 北京：高等教育出版社，2008.

[10] 刘星. 化工制图及 CAD [M]. 大连：大连理工大学出版社，2008.

[11] 中华人民共和国住房和城乡建设部. 总图制图标准（GB/T 50103—2010）[S]. 北京：中国计划出版社，2011.

[12] 侯维亚. 技术制图简化表示法介绍及应用指南 [M]. 北京：中国标准出版社，2001.

[13] 机械制图/中华人民共和国国家标准 [S]. 北京：中国标准出版社，2004.

[14] 张永茂. AutoCAD2008 中文版机械制图实例教程 [M]. 北京：机械工业出版社，2009.

[15] 全国计算机信息高新技术考试教材编写委员会. AutoCAD2002/2004 职业技能培训教程（高级绘图员级）[M]. 北京：红旗出版社，北京希望电子出版社，2005.

[16] 国家职业技能鉴定专家委员会计算机专业委员会. AutoCAD2002/2004 试题汇编（高级绘图员级）[M]. 北京：红旗出版社，北京希望电子出版社，2004.

附　　录

一、螺纹

附表 1　普通螺纹直径与螺距系列 （GB/T193—2003、GB/T196—2003）

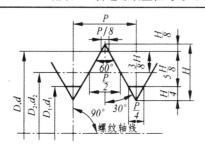

D——内螺纹大径
d——外螺纹大径
D_2——内螺纹中径
d_2——外螺纹中径
D_1——内螺纹小径
d_1——外螺纹小径
P——螺距

标记示例：
M10-5g（粗牙普通外螺纹、公称直径 $d=10$、右旋、中径及大径公差带均为 5g、中等旋合长度）
M10×1-7H-LH（细牙普通内螺纹、公称直径 $D=10$、螺距 $P=1$、左旋、中径及小径公差带均为 7H、中等旋合长度）

mm

公称直径 D、d		螺距 P		粗牙小径 D_1、d_1	公称直径 D、d		螺距 P		粗牙小径 D_1、d_1
第一系列	第二系列	粗牙	细牙		第一系列	第二系列	粗牙	细牙	
3		0.5	0.35	2.459		22	2.5	2, 1.5, 1, (0.75), (0.5)	19.294
	3.5	(0.6)		2.850	24		3	2, 1.5, 1, (0.75)	20.752
4		0.7	0.5	3.242		27	3	2, 1.5, 1, (0.75)	23.752
	4.5	(0.75)		3.688	30		3.5	(3), 2, 1.5, 1, (0.75)	26.211
5		0.8		4.134					
6		1	0.75, (0.5)	4.917		33	3.5	(3), 2, 1.5, (1), (0.75)	29.211
8		1.25	1, 0.75, (0.5)	6.647	36		4	3, 2, 1.5, (1)	31.670
10		1.5	1.25, 1, 0.75, (0.5)	8.376		39	4		34.670
12		1.75	1.5, 1.25, 1, (0.75), (0.5)	10.106	42		4.5	(4), 3, 2, 1.5, (1)	37.129
	14	2	1.5, (1.25), 1, (0.75), (0.5)	11.835		45	4.5		40.129
16		2	1.5, 1, (0.75), (0.5)	13.835	48		5		42.587
	18	2.5	2, 1.5, 1, (0.75), (0.5)	15.294		52	5	4, 3, 2, 1.5, (1)	46.587
20		2.5		17.294	56		5.5		50.046

注：① 优先选用第一系列，括号内尺寸尽可能不用。
② 公称直径 D，d 第三系列未列出。
③ M14×1.25 仅用于火花塞。
④ 中径 D_2，d_2 未列出。

附表 2   55°非螺纹密封的管螺纹（GB/T7307—2001）

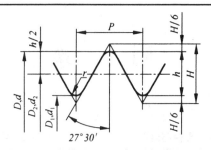

$$P=\frac{25.4}{n} \quad H=0.960491P$$

mm

尺寸代号	每25.4mm 内的牙数 n	螺距 P	牙高 h	圆弧半径 r	基本直径		
					大径 $d=D$	中径 $d_2=D_2$	小径 $d_1=D_1$
$\frac{1}{16}$	28	0.907	0.581	0.125	7.723	7.142	6.561
$\frac{1}{8}$	28	0.907	0.581	0.125	9.728	9.147	8.566
$\frac{1}{4}$	19	1.337	0.856	0.184	13.157	12.301	11.445
$\frac{3}{8}$	19	1.337	0.856	0.184	16.662	15.806	14.950
$\frac{1}{2}$	14	1.814	1.162	0.249	20.955	19.793	8.631
$\frac{5}{8}$	14	1.814	1.162	0.249	22.911	21.749	20.587
$\frac{3}{4}$	14	1.814	1.162	0.249	26.441	25.279	24.117
$\frac{7}{8}$	14	1.814	1.162	0.249	30.201	29.039	27.877
1	11	2.309	1.479	0.317	33.249	31.770	30.291
$1\frac{1}{8}$	11	2.309	1.479	0.317	37.897	36.418	34.939
$1\frac{1}{4}$	11	2.309	1.479	0.317	41.910	40.431	38.952
$1\frac{1}{2}$	11	2.309	1.479	0.317	47.803	46.324	44.845
$1\frac{3}{4}$	11	2.309	1.479	0.317	53.746	52.267	50.788
2	11	2.309	1.479	0.317	59.614	58.135	56.656
$2\frac{1}{4}$	11	2.309	1.479	0.317	65.710	64.231	62.752
$2\frac{1}{2}$	11	2.309	1.479	0.317	75.184	73.705	72.226
$2\frac{3}{4}$	11	2.309	1.479	0.317	81.534	80.055	78.576
3	11	2.309	1.479	0.317	87.884	86.405	84.926
$3\frac{1}{2}$	11	2.309	1.479	0.317	100.330	98.851	97.372
4	11	2.309	1.479	0.317	113.030	111.551	110.072
$4\frac{1}{2}$	11	2.309	1.479	0.317	125.730	124.251	122.772
5	11	2.309	1.479	0.317	138.430	136.951	135.472
$5\frac{1}{2}$	11	2.309	1.479	0.317	151.130	149.651	148.172
6	11	2.309	1.479	0.317	163.830	162.351	160.872

附表 3　普通螺纹的螺纹收尾、肩距、退刀槽、倒角（GB/T3—1997）

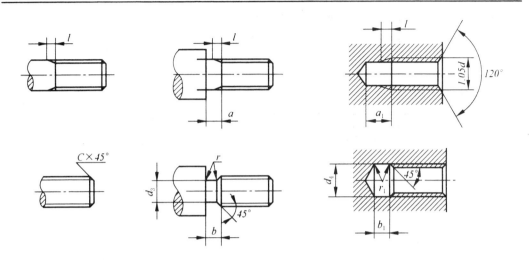

mm

螺距 P	粗牙螺纹大径 D、d	外 螺 纹								倒角 C	内 螺 纹						
		螺纹收尾 l（不大于）		肩距 a（不大于）			退 刀 槽				螺纹收尾 l（不大于）		肩距 a_1（不小于）		退 刀 槽		
							b	r ≈	d_3						b_1	r_1 ≈	d_4
		一般	短的	一般	长的	短的	一般				一般	短的	一般	长的	一般		
0.5	3	1.25	0.7	1.5	2	1	1.5		$d-0.8$	0.5	1	1.5	3	4	2	0.5P	$d+0.3$
0.6	3.5	1.5	0.75	1.8	2.4	1.2	1.5		$d-1$		1.2	1.8	3.2	4.8			
0.7	4	1.75	0.9	2.1	2.8	1.4	2		$d-1.1$	0.6	1.4	2.1	3.5	5.6	3		
0.75	4.5	1.9	1	2.25	3	1.5	2		$d-1.2$		1.5	2.3	3.8	6			
0.8	5	2	1	2.4	3.2	1.6	2		$d-1.3$	0.8	1.6	2.4	4	6.4			
1	6；7	2.5	1.25	3	4	2	2.5		$d-1.6$	1	2	3	5	8	4		
1.25	8	3.2	1.6	4	5	2.5	3		$d-2$	1.2	2.5	3.8	6	10	5		
1.5	10	3.8	1.9	4.5	6	3	3.5		$d-2.3$	1.5	3	4.5	7	12	6		
1.75	12	4.3	2.2	5.3	7	3.5	4		$d-2.6$	2	3.5	5.2	9	14	7		
2	14；16	5	2.5	6	8	4	5		$d-3$		4	6	10	16	8		$d+0.5$
2.5	18；20；22	6.3	3.2	7.5	10	5	6		$d-3.6$	2.5	5	7.5	12	18	10		
3	24；27	7.5	3.8	9	12	6	7		$d-4.4$		6	9	14	22	12		
3.5	30；33	9	4.5	10.5	14	7	8		$d-5$	3	7	10.5	16	24	14		
4	36；39	10	5	12	16	8	9		$d-5.7$		8	12	18	26	16		
4.5	42；45	11	5.5	13.5	18	9	10		$d-6.4$	4	9	13.5	21	29	18		
5	48；52	12.5	6.3	15	20	10	11		$d-7$		10	15	23	32	20		
5.5	56；60	14	7	16.5	22	11	12		$d-7.7$	5	11	16.5	25	35	22		
6	64；68	15	7.5	18	24	12	13		$d-8.3$		12	18	28	38	24		

二、常用标准件

附表4　六角头螺栓—A级和B级（GB/T5782—2000），
六角头螺栓—全螺纹—A级和B极（GB/T5783—2000）

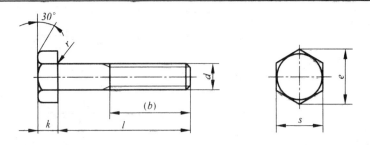

标记示例：

螺栓　GB/T5782　M12×80

（螺纹规格 d＝M12、公称长度 l＝80mm、性能等级为8.8级、表面氧化、A级的六角螺栓）

mm

螺纹规格 d		M3	M4	M5	M6	M8	M10	M12	(M14)	M16	(M18)	M20	(M22)	M24	(M27)	M30	M36
s		5.5	7	8	10	13	16	18	21	24	27	30	34	36	41	46	55
k		2	2.8	3.5	4	5.3	6.4	7.5	8.8	10	11.5	12.5	14	15	17	18.7	22.5
r		0.1	0.2	0.2	0.25	0.4	0.4	0.6	0.6	0.6	0.6	0.8	1	0.8	1	1	1
e	A	6.01	7.66	8.79	11.05	14.38	17.77	20.03	23.36	26.75	30.14	33.53	37.72	39.98	—	—	—
	B	5.88	7.50	8.63	10.89	14.20	17.59	19.85	22.78	26.17	29.56	32.95	37.29	39.55	45.2	50.85	51.11
(b) GB/T 5782	$l{\leqslant}125$	12	14	16	18	22	26	30	34	38	42	46	50	54	60	66	—
	$125{<}l{\leqslant}200$	18	20	22	24	28	32	36	40	44	48	52	56	60	66	72	84
	$l{>}200$	31	33	35	37	41	45	49	53	57	61	65	69	73	79	85	97
l 范围 (GB/T5782)		20~30	25~40	25~50	30~60	40~80	45~100	50~120	60~140	65~160	70~180	80~200	90~220	90~240	100~260	110~300	140~360
l 范围 (GB/T5783)		6~30	8~40	10~50	12~60	16~80	20~100	25~120	30~140	30~150	35~150	40~150	45~150	50~150	55~200	60~200	70~200
l 系列		6, 8, 10, 12, 16, 20, 25, 30, 35, 40, 45, 50, 55, 60, 65, 70, 80, 90, 100, 110, 120, 130, 140, 150, 160, 180, 200, 220, 240, 260, 280, 300, 320, 340, 360, 380, 400, 420, 440, 460, 480, 500																

注：A级和B级为产品等级。A级用于 $d{\leqslant}24$mm 和 $l{\leqslant}10d$ 或 ${\leqslant}150$mm（按最小值）的螺栓，B级用于 $d{<}24$ 或 $l{>}10d$ 或 ${>}150$mm（按最小值）的螺栓。尽可能不采用括号内的规格。

附表5 双头螺柱（GB/T897～900—1988）

$b_m = 1d$（GB/T897—1988）　　$b_m = 1.25d$（GB/T898—1988）
$b_m = 1.5d$（GB/T899—1988）　　$b_m = 2d$（GB/T900—1988）

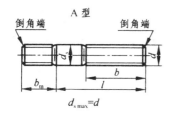
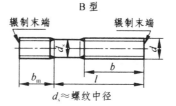

$d_{s\,max} = d$　　　　　　　　$d_、≈ 螺纹中径$

标记示例：

螺柱　GB/T900　M10×50

（两端均为粗牙普通螺纹、$d = 10$、$l = 50$、性能等级为4.8级、不经表面处理、B型、$b_m = 2d$ 的双头螺柱）

螺柱　GB/T900　AM10-10×1×50

（旋入机体一端为粗牙普通螺纹、旋螺母端为螺距 $P = 1$ 的细牙普通螺纹、$d = 10$、$l = 50$、性能等级为4.8级、不经表面处理、A型、$b_m = 2d$ 的双头螺柱）

mm

螺纹规格 d	b_m（旋入机体端长度）				l/b（螺柱长度/旋螺母端长度）				
	GB/T897	GB/T898	GB/T899	GB/T900					
M4	—	—	6	8	$\dfrac{16\sim22}{8}$	$\dfrac{25\sim40}{14}$			
M5	5	6	8	10	$\dfrac{16\sim22}{10}$	$\dfrac{25\sim50}{16}$			
M6	6	8	10	12	$\dfrac{20\sim22}{10}$	$\dfrac{25\sim30}{14}$	$\dfrac{32\sim75}{18}$		
M8	8	10	12	16	$\dfrac{20\sim22}{12}$	$\dfrac{25\sim30}{16}$	$\dfrac{32\sim90}{22}$		
M10	10	12	15	20	$\dfrac{25\sim28}{14}$	$\dfrac{30\sim38}{16}$	$\dfrac{40\sim120}{26}$	$\dfrac{130}{32}$	
M12	12	15	18	24	$\dfrac{25\sim30}{14}$	$\dfrac{32\sim40}{16}$	$\dfrac{45\sim120}{26}$	$\dfrac{130\sim180}{32}$	
M16	16	20	24	32	$\dfrac{30\sim38}{16}$	$\dfrac{40\sim55}{20}$	$\dfrac{60\sim120}{30}$	$\dfrac{130\sim200}{36}$	
M20	20	25	30	40	$\dfrac{35\sim40}{20}$	$\dfrac{45\sim65}{30}$	$\dfrac{70\sim120}{38}$	$\dfrac{130\sim200}{44}$	
(M24)	24	30	36	48	$\dfrac{45\sim50}{25}$	$\dfrac{55\sim75}{35}$	$\dfrac{80\sim120}{46}$	$\dfrac{130\sim200}{52}$	
(M30)	30	38	45	60	$\dfrac{60\sim65}{40}$	$\dfrac{70\sim90}{50}$	$\dfrac{95\sim120}{66}$	$\dfrac{130\sim200}{72}$	$\dfrac{210\sim250}{85}$
M36	36	45	54	72	$\dfrac{65\sim75}{45}$	$\dfrac{80\sim110}{60}$	$\dfrac{120}{78}$	$\dfrac{130\sim200}{84}$	$\dfrac{210\sim300}{97}$
M42	42	52	63	84	$\dfrac{70\sim80}{50}$	$\dfrac{85\sim110}{70}$	$\dfrac{120}{90}$	$\dfrac{130\sim200}{96}$	$\dfrac{210\sim300}{109}$
M48	48	60	72	96	$\dfrac{80\sim90}{60}$	$\dfrac{95\sim110}{80}$	$\dfrac{120}{102}$	$\dfrac{130\sim200}{108}$	$\dfrac{210\sim300}{121}$
l 系列	12、(14)、16、(18)、20、(22)、25、(28)、30、(32)、35、(38)、40、45、50、55、60、(65)、70、75、80、(85)、90、(95)、100～260（10 进位）、280、300								

注：① 在长度 l 系列中，尽可能不采用括号内的规格。
　　② 当 $b - b_m \leqslant 5mm$ 时，旋螺母一端应制成倒角端。
　　③ 尽可能不采用 M24、M30 的 $b_m = 1d$ 双头螺柱。

附表 6　螺钉（一）

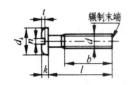

开槽盘头螺钉
（摘自 GB/T67—2000）

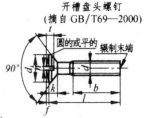

开槽沉头螺钉
（摘自 GB/T68—2000）

开槽盘头螺钉
（摘自 GB/T69—2000）

（无螺纹部分杆径≈中径或螺纹大径）

标记示例：

螺钉　GB/T67　M5×60

（螺纹规格 d＝M5、l＝60、性能等级为 4.8 级、不经表面处理的开槽盘头螺钉）

mm

螺纹规格 d	P	b_{min}	n公称	f		r_f		k_{max}		d_{kmax}		t_{min}			l 范围		全螺纹时最大长度	
				GB/T69	GB/T67	GB/T68 GB/T69	GB/T67	GB/T68 GB/T69	GB/T67	GB/T68 GB/T69	GB/T67	GB/T68	GB/T69	GB/T67	GB/T68 GB/T69	GB/T67	GB/T68 GB/T69
M2	0.4	25	0.5	4	0.5	1.3	1.2	4	3.8	0.5	0.4	0.8	2.5～20	3～20	30	
M3	0.5		0.8	6	0.7	1.8	1.65	5.6	5.5	0.7	0.6	1.2	4～30	5～30		
M4	0.7	38	1.2	9.5	1	2.4	2.7	8	8.4	1	1	1.6	5～40	6～40	40	45
M5	0.8				1.2	3		9.5	9.3	1.2	1.1	2	6～50	8～50		
M6	1		1.6	12	1.4	3.6	3.3	12	12	1.4	1.2	2.4	8～60	8～60		
M8	1.25		2	16.5	2	4.8	4.65	16	16	1.9	1.8	3.2	10～80			
M10	1.5		2.5	19.5	2.3	6	5	20	20	2.4	2	3.8				

l 系列	2、2.5、3、4、5、6、8、10、12、(14)、16、20～50（5 进位）、(55)、60、(65)、70、(75)、80

注：螺纹公差：6g；力学性能等级：4.8、5.8；产品等级：A。

附表 7　螺钉（二）

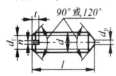

开槽锥端紧定螺钉
（摘自 GB/T71—1985）

开槽平端紧定螺钉
（摘自 GB/T73—1985）

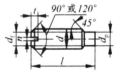

开槽长圆柱端紧定螺钉
（摘自 GB/T75—1985）

标记示例：

螺钉　GB/T71　M5×20

（螺纹规格 d＝M5、公称长度 l＝20、性能等级为 14H 级、表面氧化的开槽锥端紧定螺钉）

mm

螺纹规格 d	P	d_f	d_{tmax}	d_{pmax}	n公称	t_{max}	Z_{max}	l 范围		
								GB71	GB73	GB75
M2	0.4	螺纹小径	0.2	1	0.25	0.84	1.25	3～10	2～10	3～10
M3	0.5		0.3	2	0.4	1.05	1.75	4～16	3～16	5～16
M4	0.7		0.4	2.5	0.6	1.42	2.25	6～20	4～20	6～20
M5	0.8		0.5	3.5	0.8	1.63	2.75	8～25	5～25	8～25
M6	1		1.5	4	1	2	3.25	8～30	6～30	8～30
M8	1.25		2	5.5	1.2	2.5	4.3	10～40	8～40	10～40
M10	1.5		2.5	7	1.6	3	5.3	12～50	10～50	12～50
M12	1.75		3	8.5	2	3.6	6.3	14～60	12～60	14～60

l 系列	2、2.5、3、4、5、6、8、10、12、(14)、16、20、25、30、35、40、45、50、(55)、60

注：**螺纹公差：6g；力学性能等级：14H、22H；产品等级：A。**

附表8　内六角圆柱头螺钉（GB/T70.1—2000）

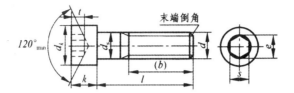

标记示例：

螺钉　GB/T70.1　M5×20

（螺纹规格 d＝M5、公称长度 l＝20、性能等级为8.8级、表面氧化的内六角圆柱头螺钉）

mm

螺纹规格 d		M4	M5	M6	M8	M10	M12	(M14)	M16	M20	M24	M30	M36
螺距 P		0.7	0.8	1	1.25	1.5	1.75	2	2	2.5	3	3.5	4
$b_{参考}$		20	22	24	28	32	36	40	44	52	60	72	84
d_{kmax}	光滑头部	7	8.5	10	13	16	18	21	24	30	36	45	54
	滚花头部	7.22	8.72	10.22	13.27	16.27	18.27	21.33	24.33	30.33	36.39	45.39	54.46
k_{max}		4	5	6	8	10	12	14	16	20	24	30	36
t_{min}		2	2.5	3	4	5	6	7	8	10	12	15.5	19
$S_{公称}$		3	4	5	6	8	10	12	14	17	19	22	27
e_{min}		3.44	4.58	5.72	6.86	9.15	11.43	13.72	16	19.44	21.73	25.15	30.35
d_{max}		4	5	6	8	10	12	14	16	20	24	30	36
l 范围		6～40	8～50	10～60	12～80	16～100	20～120	25～140	25～160	30～200	40～200	45～200	55～200
全螺纹时最大长度		25	25	30	35	40	45	55	55	65	80	90	100
l 系列		6、8、10、12、(14)、(16)、20～50（5进位）、(55)、60、(65)、70～160（10进位）、180、200											

注：① 括号内的规格尽可能不用，末段按GB/T2—2001规定。

　　② 力学性能等级为：8.8、12.9。

　　③ 螺纹公差：力学性能等级8.8级时为6g，12.9级时为5g、6g。

　　④ 产品等级：A。

附表9　Ⅰ型六角螺母—A 级和 B 级（GB/T6170—2000），
Ⅰ型六角螺母—C 级（GB/T41—2000），六角薄螺母（GB/T6172.1—2000）

标记示例：

螺母　GB/T41　M12

（螺纹规格 D＝M12、性能等级为 5 级、不经表面处理、C 级的Ⅰ型六角螺母）

mm

螺纹规格 D		M3	M4	M5	M6	M8	M10	M12	(M14)	M16	(M18)	M20	(M22)	M24	(M27)	M30	M36	M42	M48
e_{min}	GB/T41	—	—	8.63	10.89	14.20	17.59	19.85	22.78	26.17	29.56	32.95	37.29	39.55	45.2	50.85	60.79	71.3	82.6
	GB/T6170	6.01	7.66	8.79	11.05	14.38	17.77	20.03	23.36	26.75	29.56	32.95	37.29	39.55	45.2	50.85	60.75	71.3	82.6
	GB/T6172.1	6.01	7.66	8.79	11.05	14.38	17.77	20.03	23.36	26.75	29.56	32.95	37.29	39.55	45.2	50.85	60.79	71.3	82.6
s		5.5	7	8	10	13	16	18	21	24	27	30	34	36	41	46	55	65	75
m_{max}	GB/T6170	2.4	3.2	4.7	5.2	6.8	8.4	10.8	12.8	14.8	15.8	18	19.4	21.5	23.8	25.6	31	34	38
	GB/T6172.1	1.8	2.2	2.7	3.2	4	5	6	7	8	9	10	11	12	13.5	15	18	21	24
	GB/T41	—	—	5.6	6.4	7.9	9.5	12.2	13.9	15.9	16.9	19	20.2	22.3	24.7	26.4	31.5	34.9	38.9

注：①不带括号的为优先系列。

　　②A 级用于 $D{\leqslant}16$ 的螺母；B 级用于 $D{>}16$ 的螺母。

附表10　Ⅰ型六角开槽螺母—A 级和 B 级（GB/T6178—2000）

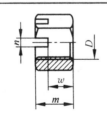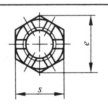

标记示例：

螺母　GB/T6178　M5

（螺纹规格 D＝M5、性能等级为 8 级、不经表面处理、A 级的Ⅰ型六角开槽螺母）

mm

螺纹规格 D	M4	M5	M6	M8	M10	M12	(M14)	M16	M20	M24	M30
e	7.7	8.8	11	14	17.8	20	23	26.8	33	39.6	50.9
m	6	6.7	7.7	9.8	12.4	15.8	17.8	20.8	24	29.5	34.6
n	1.2	1.4	2	2.5	2.8	3.5	3.5	4.5	4.5	5.5	7
s	7	8	10	13	16	18	21	24	30	36	46
w	3.2	4.7	5.2	6.8	8.4	10.8	12.8	14.8	18	21.5	25.6
开口销	1×10	1.2×12	1.6×14	2×16	2.5×20	3.2×22	3.2×25	4×28	4×36	5×40	6.3×50

注：① 不带括号的为优先系列。

　　② A 级用于 $D{\leqslant}16$ 的螺母；B 级用于 $D{>}16$ 的螺母。

附表 11　平垫圈—A 级（GB/T97.1—2002），平垫圈倒角型—A 级（GB/T97.2—2002）

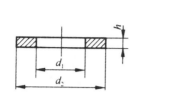
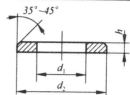

标记示例：

垫圈　GB/T97.1　8

（标准系列，公称尺寸 $d=8$mm，由钢制造的硬度等级为 200HV 级，不经表面处理、产品等级为 A 级的平垫圈）

mm

规格（螺纹直径）	2	2.5	3	4	5	6	8	10	12	14	16	20	24	30
内径 d_1	2.2	2.7	3.2	4.3	5.3	6.4	8.4	10.5	13	15	17	21	25	31
外径 d_2	5	6	7	9	10	12	16	20	24	28	30	37	44	56
厚度 h	0.3	0.5	0.5	0.8	1	1.6	1.6	2	2.5	2.5	3	3	4	4

附表 12　标准型弹簧垫圈（GB/T93—1987），轻型弹簧垫圈（GB/T859—1987）

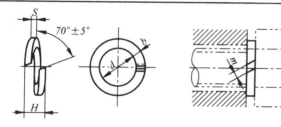

标记示例：

垫圈　GB/T93　16

（公称直径 16mm、材料为 65Mn、表面氧化的标准型弹簧垫圈）

mm

规格（螺纹直径）		2	2.5	3	4	5	6	8	10	12	16	20	24	30	36	42	48
d		2.1	2.6	3.1	4.1	5.1	6.2	8.2	10.2	12.3	16.3	20.5	24.5	30.5	36.6	42.6	49
H	GB/T93—1987	1.2	1.6	2	2.4	3.2	4	5	6	7	8	10	12	13	14	16	18
	GB/T859—1987	1	1.2	1.6	1.6	2	2.4	3.2	4		6.4	8	9.6	12			
$S(b)$	GB/T93—1987	0.6	0.8	1	1.2	1.6	2	2.5	3	3.5	4	5	6	6.5	7	8	9
S	GB/T859—1987	0.5	0.6	0.8	0.8	1	1.2	1.6	2		2.5	3.2	4	4.8	6		
$m \leqslant$	GB/T93—1987	0.4		0.5	0.6	0.8	1	1.2	1.5	1.7	2	2.5	3	3.2	3.5	4	4.5
	GB/T859—1987	0.3		0.4		0.5	0.6	0.8	1		1.2	1.6	2	2.4	3		
b	GB/T859—1987	0.8		1		1.2		1.6	2	2.5	3.5	4.5	5.5	6.5	8		

附表 13　键和键槽的剖面尺寸（GB/T1095－2003），普通平键的型式尺寸（GB/T1096－2003）

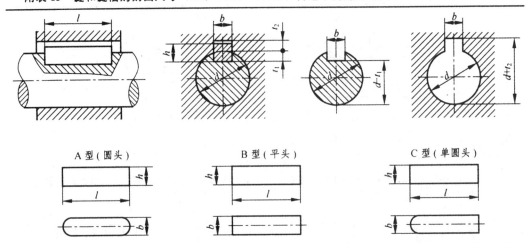

A 型（圆头）　　　　B 型（平头）　　　　C 型（单圆头）

标记示例：
GB/T1096—2003　键　16×10×100
（圆头普通平键（A 型）　$b=16mm$、$h=10mm$、$L=100mm$）

mm

轴 径	键		键 槽				
			宽 度			深 度	
d	b	h	b	一般键连接偏差		轴 t_1	毂 t_2
				轴 N9	毂 JS9		
自 6～8	2	2	2	−0.004 −0.029	±0.0125	1.2	1
>8～10	3	3	3			1.8	1.4
>10～12	4	4	4	0 −0.030	±0.018	2.5	1.8
>12～17	5	5	5			3.0	2.3
>17～22	6	6	6			3.5	2.8
>22～30	8	7	8	0 −0.036	±0.018	4.0	3.3
>30～38	10	8	10			5.0	3.3
>38～44	12	8	12	0 −0.043	±0.0215	5.0	3.3
>44～50	14	9	14			5.5	3.8
>50～58	16	10	16			6.0	4.3
>58～65	18	11	18			7.0	4.4
>65～75	20	12	20	0 −0.052	±0.026	7.5	4.9
>75～85	22	14	22			9.0	5.4
>85～95	25	14	25			9.0	5.4
>95～110	28	16	28			10.0	6.4
>110～130	32	18	32	0 −0.062	±0.031	11.0	7.4
>130～150	36	20	36			12.0	8.4
>150～170	40	22	40			13.0	9.4
>170～200	45	25	45			15.0	10.4
l 系列	6、8、10、12、16、18、20、22、25、28、32、36、40、45、50、56、63、70、80、90、100、110、125、140、160、180、200、220、250、280、320、360、400、450						

附表 14 圆柱销 (GB/T119.1—2000)

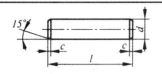

标记示例：
销 GB/T119.1 8m6×30
（公称直径 d＝8mm、公差为 m6、长度 l＝30mm、材料 35 钢、不经淬火、不经表面处理的圆柱销）

mm

d	1	1.2	1.5	2	2.5	3	4	5	6	8	10	12
a≈	0.12	0.16	0.20	0.25	0.30	0.40	0.50	0.63	0.80	1.0	1.2	1.6
c≈	0.20	0.25	0.30	0.35	0.40	0.50	0.63	0.80	1.2	1.6	2	2.5
l 系列	2，3，4，5，6，8，10，12，14，16，18，20，22，24，26，28，30，32，35，40，45，50，55，60，65，70，75，80，85，90，95，100，120，140										

附表 15 圆锥销 (GB/T117—2000)

A 型(磨削)   B 型(车削)

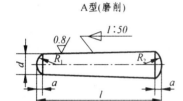 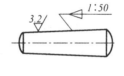

$$R_1 = d$$

$$R_2 \approx \frac{a}{2} + d + \frac{(0.021)^2}{8a}$$

标记示例：
销 GB/T117 10×60
（公称直径 d＝10mm、长度 l＝60mm、材料 35 钢、热处理硬度 28～38HRC、表面氧化处理的 A 型圆锥销）

mm

d	1	1.2	1.5	2	2.5	3	4	5	6	8	10	12
a≈	0.12	0.16	0.2	0.25	0.3	0.4	0.5	0.63	0.8	1	1.2	1.6
l 系列	2，3，4，5，6，8，10，12，14，16，18，20，22，24，26，28，30，32，35，40，45，50，55，60，65，70，75，80，85，90，95，100，120，140，160，180										

附表 16 开口销 (GB/T91—2000)

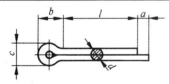

标记示例：
销 GB/T91 5×50
（公称直径 d＝5mm、长度 l＝50mm、材料为 Q215 或 Q235，不经表面处理的开口销）

mm

d		1	1.2	1.6	2	2.5	3.2	4	5	6.3	8	10	13
c	max	1.8	2	2.8	3.6	4.6	5.8	7.4	9.2	11.8	15	19	24.8
	min	1.6	1.7	2.4	3.2	4	5.1	6.5	8	10.3	13.1	16.6	21.7
b≈		3	3	3.2	4	5	6.4	8	10	12.6	16	20	26
a max		1.6			2.5			3.2			4		6.3
l 系列		4，5，6，8，10，12，14，16，18，20，22，24，25，28，32，36，40，45，50，56，63，71，80，90，110，112，125，140，160，180，200，224，250											

注：销孔的公称直径等于 $d_{公称}$；d_{max}、d_{min} 可查阅 GB/T91—1986，都小于 $d_{公称}$。

附表 17　滚动轴承

<table>
<tr>
<td colspan="2" align="center">深沟球轴承
（摘自 GB/T276—1994）</td>
<td colspan="2" align="center">圆锥滚子轴承
（摘自 GB/T297—1994）</td>
<td colspan="2" align="center">推力球轴承
（摘自 GB/T301—1995）</td>
</tr>
<tr>
<td colspan="2">

标记示例：
滚动轴承　6310
GB/T276—1994</td>
<td colspan="2">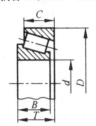

标记示例：
滚动轴承　30212　GB/T297—1994</td>
<td colspan="2">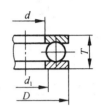

标记示例：
滚动轴承　51305
GB/T301—1995</td>
</tr>
</table>

轴承型号	尺寸/mm			轴承型号	尺寸/mm					轴承型号	尺寸/mm			
	d	D	B		d	D	B	C	T		d	D	T	d_1
尺寸系列〔(0)2〕				尺寸系列〔02〕						尺寸系列〔12〕				
6202	15	35	11	30203	17	40	12	11	13.25	51202	15	32	12	17
6203	17	40	12	30204	20	47	14	12	15.25	51203	17	35	12	19
6204	20	47	14	30205	25	52	15	13	16.25	51204	20	40	14	22
6205	25	52	15	30206	30	62	16	14	17.25	51205	25	47	15	27
6206	30	62	16	30207	35	72	17	15	18.25	51206	30	52	16	32
6207	35	72	17	30208	40	80	18	16	19.75	51207	35	62	18	37
6208	40	80	18	30209	45	85	19	16	20.75	51208	40	68	19	42
6209	45	85	19	30210	50	90	20	17	21.75	51209	45	73	20	47
6210	50	90	20	30211	55	100	21	18	22.75	51210	50	78	22	52
6211	55	100	21	30212	60	110	22	19	23.75	51211	55	90	25	57
6212	60	110	22	30213	65	120	23	20	24.75	51212	60	95	26	62
尺寸系列〔(0)3〕				尺寸系列〔03〕						尺寸系列〔13〕				
6302	15	42	13	30302	15	42	13	11	14.25	51304	20	47	18	22
6303	17	47	14	30303	17	47	14	12	15.25	51305	25	52	18	27
6304	20	52	15	30304	20	52	15	13	16.25	51306	30	60	21	32
6305	25	62	17	30305	25	62	17	15	18.25	51307	35	68	24	37
6306	30	72	19	30306	30	72	19	16	20.75	51308	40	78	26	42
6307	35	80	21	30307	35	80	21	18	22.75	51309	45	85	28	47
6308	40	90	23	30308	40	90	23	20	25.25	51310	50	95	31	52
6309	45	100	25	30309	45	100	25	22	27.25	51311	55	105	35	57
6310	50	110	27	30310	50	110	27	23	29.25	51312	60	110	35	62
6311	55	120	29	30311	55	120	29	25	31.50	51313	65	115	36	67
6312	60	130	31	30312	60	130	31	26	33.50	51314	70	125	40	72

注：圆括号中的尺寸系列代号在轴承代号中省略。

附表 18　倒角和圆角半径（GB/T6403.4—2008）

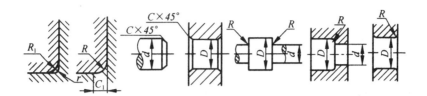

mm

直径 D	3～6	＞6～10	＞10～18	＞18～30	＞30～50	＞50～80	＞80～120	＞120～180
R（最大） c（最大）	0.4	0.5 (0.6)	1	1.5	2	2.5	3	4
R_1（最小） c_1（最小）	0.5	1	1.5	2	2.5	3	4	5
$D-d$	3	4	8	12	20	30	40	50

注：① 与滚动轴承配合的轴及轴承座的圆角半径另见 GB/T274—1964 规定。
　　② 倒角一般均用 45°，也允许用 30° 和 60°。
　　③ 括号内的尺寸为轴与轴套倒圆半径 R 的圆。
　　④ 右起第 2、3 图按 $D-t$ 查 R 值。

附表 19　砂轮越程槽（GB/T6403.5—2008）　mm

	H	f	e	说　明
磨平面及刮平面	≤10 ＞10～30 ＞30	2 3 4	1.5 2.0 2.5	非热处理件的 e 值取表中的 $\dfrac{1}{2}$， 不得少于 $\dfrac{e}{2}$

	d	b	a
外圆端面　　内圆端面　　外圆　　内圆	≤10 ≤30 ＞30～50 ＞50	1 2 3 4	0.3 0.5 1.0 1.0

三、极限与配合

附表 20　优先配合中轴的极限偏差（GB/T1801—2009）　　　　　μm

基本尺寸/mm		公 差 带												
		c	d	f	g	h				k	n	p	s	u
大于	至	11	9	7	6	6	7	9	11	6	6	6	6	6
—	3	−60 −120	−20 −45	−6 −16	−2 −8	0 −6	0 −10	0 −25	0 −60	+6 0	+10 +4	+12 +6	+20 +14	+24 +18
3	6	−70 −145	−30 −60	−10 −22	−4 −12	0 −8	0 −12	0 −30	0 −75	+9 +1	+16 +8	+20 +12	+27 +19	+31 +23
6	10	−80 −170	−40 −76	−13 −28	−5 −14	0 −9	0 −15	0 −36	0 −90	+10 +1	+19 +10	+24 +15	+32 +23	+37 +28
10	14	−95 −205	−50 −93	−16 −34	−6 −17	0 −11	0 −18	0 −43	0 −110	+12 +1	+23 +12	+29 +18	+39 +28	+44 +33
14	18													
18	24	−110 −240	−65 −117	−20 −41	−7 −20	0 −13	0 −21	0 −52	0 130	+15 +2	+28 +15	+35 +22	+48 +35	+54 +41
24	30													+61 +48
30	40	−120 −280	−80 142	−25 −50	−9 −25	0 −16	0 −25	0 −62	0 −160	+18 +2	+33 +17	+42 +26	+59 +43	+76 +60
40	50	−130 −290												+86 +70
50	65	−140 −330	−100 −174	−30 −60	−10 −29	0 −19	0 −30	0 −74	0 −190	+21 +2	+39 +20	+51 +32	+72 +53	+106 +87
65	80	−150 −340											+78 +59	+121 +102
80	100	−170 −390	−120 −207	−36 −71	−12 −34	0 −22	0 −35	0 −87	0 −220	+25 +3	+45 +23	+59 +37	+93 +71	+146 +124
100	120	−180 −400											+101 +79	+166 +144
120	140	−200 −450	−145 −245	−43 −83	−14 −39	0 −25	0 −40	0 −100	0 −250	+28 +3	+52 +27	+68 +43	+117 +92	+195 +170
140	160	−210 −460											+125 +100	+215 +190
160	180	−230 −480											+133 +108	+235 +210
180	200	−240 −530	−170 −285	−50 −96	−15 −44	0 −29	0 −46	0 −115	0 −290	+33 +4	+60 +31	+79 +50	+151 +122	+265 +236
200	225	−260 −550											+159 +130	+287 +258
225	250	−280 −570											+169 +140	+313 +284
250	280	−300 −620	−190 −320	−56 −108	−17 −49	0 −32	0 −52	0 −130	0 −320	+36 +4	+66 +34	+88 +56	+190 +158	+347 +315
280	315	−330 −650											+202 +170	+382 +350
315	355	−360 −720	−210 −350	−62 −119	−18 −54	0 −36	0 −57	0 −140	0 −360	+40 +4	+73 +37	+98 +62	+226 +190	+426 +390
355	400	−400 −760											+244 +208	+471 +435

续表

基本尺寸/mm		公　差　带											
		c	d	f	g	h				k	n	p	s	u
大于	至	11	9	7	6	6	7	9	11	6	6	6	6	6
400	450	−440 −840	−230	−68	−20	0	0	0	0	+45	+80	+108	+272 +232	+530 +490
450	500	−480 −880	−385	−131	−60	−40	−63	−155	−400	+5	+40	+68	+292 +252	+580 +540

附表 21　优先配合中孔的极限偏差（GB/T1801—2009）　　μm

基本尺寸/mm		公　差　带												
		C	D	F	G	H				K	N	P	S	U
大于	至	11	9	8	7	7	8	9	11	7	7	7	7	7
—	3	+120 +60	+45 +20	+20 +6	+12 +2	+10 0	+14 0	+25 0	+60 0	0 −10	−4 −14	−6 −16	−14 −24	−18 −28
3	6	+145 +70	+60 +30	+28 +10	+16 +4	+12 0	+18 0	+30 0	+75 0	+3 −9	−4 −16	−8 −20	−15 −27	−19 −31
6	10	+170 +80	+76 +40	+35 +13	+20 +5	+15 0	+22 0	+36 0	+90 0	+5 −10	−4 −19	−9 −24	−17 −32	−22 −37
10	14	+205 +95	+93 +50	+43 +16	+24 +6	+18 0	+27 0	+43 0	+110 0	+6 −12	−5 −23	−11 −29	−21 −39	−26 −44
14	18													
18	24	+240 +110	+117 +65	+53 +20	+28 +7	+21 0	+33 0	+52 0	+130 0	+6 −15	−7 −28	−14 −35	−27 −48	−33 −54
24	30													−40 −61
30	40	+280 +120	+142 +80	+64 +25	+34 +9	+25 0	+39 0	+62 0	+160 0	+7 −18	−8 −33	−17 −42	−34 −59	−51 −76
40	50	+290 +130												−61 −86
50	65	+330 +140	+174 +100	+76 +30	+40 +10	+30 0	+46 0	+74 0	+190 0	+9 −21	−9 −39	−21 −51	−42 −72	−76 −106
65	80	+340 +150											−48 −78	−91 −121
80	100	+390 +170	+207 +120	+90 +36	+47 +12	+35 0	+54 0	+87 0	+220 0	+10 −25	−10 −45	−24 −59	−58 −93	−111 −146
100	120	+400 +180											−66 −101	−131 −166
120	140	+450 +200	+245 +145	+106 +43	+54 +14	+40 0	+63 0	+100 0	+250 0	+12 −28	−12 −52	−28 −68	−77 −117	−155 −195
140	160	+460 +210											−85 −125	−175 −215
160	180	+480 +230											−93 −133	−195 −235
180	200	+530 +240	+285 +170	+122 +50	+61 +15	+46 0	+72 0	+115 0	+290 0	+13 −33	−14 −60	−33 −79	−105 −151	−219 −265
200	225	+550 +260											−113 −159	−241 −287
225	250	+570 +280											−123 −169	−267 −313

基本尺寸 /mm		公 差 带											
		C	D	F	G	H				K	N	P	S	U
大于	至	11	9	8	7	7	8	9	11	7	7	7	7	7
250	280	+620 +300	+320 +190	+137 +56	+69 +17	+52 0	+81 0	+130 0	+320 0	+16 −36	−14 −66	−36 −88	−138 −190	−295 −347
280	315	+650 +330											−150 −202	−330 −382
315	355	+720 +360	+350 +210	+151 +62	+75 +18	+57 0	+89 0	+140 0	+360 0	+17 −40	−16 −73	−41 −98	−169 −226	−369 −426
355	400	+760 +400											−187 −244	−414 −471
400	450	+840 +440	+385 +230	+165 +68	+83 +20	+63 0	+97 0	+155 0	+400 0	+18 −45	−17 −80	−45 −108	−209 −272	−467 −530
450	500	+880 +480											−229 −292	−517 −580

四、常用的金属材料及热处理方法

附表 22 常用的金属材料 μm

(一) 黑色金属

标 准	名称	牌 号		应 用 举 例	说 明
GB/T 700—1988	碳素结构钢	Q215	A级	用于制造受轻载荷的构件，如铆钉、螺钉、小轴、凸轮、垫圈、焊接件、渗碳件等。	Q 为碳素结构钢屈服点"屈"字拼音首位字母，数字表示屈服点数值，如 Q235 表示碳素结构钢屈服点为 235 N/mm²。
			B级		
		Q235	A级	金属结构件，芯部强度要求不高的渗碳或氰化零件，如吊钩、拉杆、连杆、螺栓、螺母、轴、焊接件、型钢等。	
			B级		
			C级		
			D级		
		Q275		用于制造强度要求高的零件，如螺栓、螺母、齿轮、链轮、键、销、轴等。	
GB/T 699—1988	优质碳素结构钢	25		有一定强度，用于制造轴、辊子、连接器、螺栓、螺钉、螺母、垫圈、焊接件等。	牌号两位数字表示钢中平均含碳量。如"45"表示平均含碳量为 0.45%。 化学元素符号 Mn 表示钢的含锰量较高。
		35		有良好的强度和韧性，用于制造曲轴、销、连杆、螺栓、螺钉、螺母、套筒等。	
		45		用于制造强度要求高的零件，如齿轮、齿条、链轮、联轴器、机床主轴、衬套等。	
		15Mn		制作芯部机械性能要求较高且须渗碳的零件。	
		65Mn		高强度中碳钢，用于制造弹簧垫圈、螺旋弹簧、扁弹簧等。	

续表

（一）黑色金属

标　准	名称	牌　号	应用举例	说　明
GB/T 3077—1988	合金结构钢	20Mn2	用作渗碳小齿轮、小轴、活塞销、柴油机套筒、气门推杆、钢套等。	钢中加入一定量的合金元素，提高了钢的力学性能和耐磨性，也提高了钢的淬透性，保证金属在较大截面上获得高的力学性能。
		20Cr	用于制造芯部强度要求较高、承受耐磨、尺寸较大的渗碳零件，如齿轮、齿轮轴、凸轮、活塞环、衬套等，也用于速度较大、受中等冲击的调质零件。	
		40Cr	用于受变载、中速、中载、强烈耐磨而无很大冲击的重要零件，如重要的齿轮、轴、曲轴、连杆等。	
		20CrMnTi	渗碳钢，用于制造受冲击、耐磨要求高的零件，如齿轮、齿轮轴、蜗杆、离合器等。	
GB/T 5676—1985	铸钢	ZG230—450	轧机机架、铁道车辆摇枕、侧梁、铁铮台、机座、箱体、锤轮、450°以下的管路附件等。	"ZG"为铸钢汉语拼音的首位字母，后面数字表示屈服点和抗拉强度。
		ZG310—570	适用于各种形状的零件，如联轴器、齿轮、汽缸、轴、机架、齿轮等。	
GB/T 9439—1988	灰铸铁	HT150	用于小负荷和对耐磨性无特殊要求的零件，如端盖、外罩、手轮、一般机床底座、床身及其复杂零件、滑台、工作台和低压管件等。	"HT"表示灰铁汉语拼音的首位字母，数字表示抗拉强度。如 HT200 表示抗拉强度为 $200N/mm^2$ 的灰铸铁。
		HT200	用于中等负荷和对耐磨性有一定要求的零件，如机座、立柱、飞轮、汽缸、泵体、轴承座、齿轮箱、箱体、阀体等。	
		HT250	用于中等负荷和对耐磨性有一定要求的零件，如阀壳、油缸、阀体、汽缸、联轴器、凸轮、飞轮、带轮、齿轮、齿轮箱外壳等。	
		HT300 HT350	高强度铸铁，用于制造床身、导轨、主轴箱、曲轴、液压泵体、齿轮、凸轮等。	

（二）有色金属

标　准	名称	牌　号	应用举例	说　明
GB/T 1176—1987	普通黄铜	ZCuZn38	一般用于制造耐磨腐蚀零件，如阀座、手柄、螺钉、螺母、垫圈等。	含锌 38%
	铸造锡青铜	ZCuSn5 Pb5Zn5	耐磨性和耐腐蚀性能好，用于制造在中速和高速下工作的零件，如轴瓦、衬套、钢套、齿轮、涡轮等。	锡、铅、锌各含 5%
		ZCuSn10Pb1		含锡 10%、含铅 1%
	铸造铝青铜	ZCuAl19Mn2	强度高、耐腐蚀性好，用于制造衬套、齿轮、涡轮等零件。	含铝 9%、含锰 2%
GB/T 1173—1986	铸造铝合金	ZL101	用于制造承受中等负荷、形状复杂的零件，如水泵体、汽缸体、抽水机和电器及仪表的壳体。	"ZL"表示铸造铝合金，101 为顺序号。

附表 23 常用的热处理与表面处理的方法

名　词	说　明	目　的	适用范围
退火	加热到临界温度以上，保温一定时间，然后缓慢冷却（例如在炉中冷却）。	用来消除铸、锻、焊零件的内应力。降低硬度，便于切削加工，细化金属晶粒，改善组织，增加韧性。	完全退火适用于含碳量0.8%以下的铸、锻、焊件；为消除内应力的退火主要用于铸件和焊件。
正火	加热到临界温度以上，保温一定时间，再在空气中冷却。	用来处理低碳和中碳结构钢及渗碳零件，使其组织细化，增加强度与韧性，减少内应力，改善切削性能。	用于低、中碳钢，对低碳钢常用以代替退火。
淬火	加热到临界温度以上，保温一定时间，然后在水、油或盐水中急速冷却。	用来提高钢的硬度及强度，提高耐磨性。	用于中、高碳钢。淬火后钢件必须回火。
回火	经淬火后再加热到临界温度以下的某一温度，在该温度停留一定时间，然后在水、油或空气中冷却。	用来消除淬火后的脆性和内应力，提高钢的塑性和冲击韧性。	高碳钢制的工具、量具、刃具用低温回火；弹簧用中温 350℃～500℃回火。
调质	淬火后在450℃～650℃进行高温回火称"调质"。	可以完全消除内应力，并获得高的韧性和足够的强度。	用于重要的轴、齿轮以及丝杠等零件。
表面淬火	用火焰或高频电流将零件表面迅速加热到临界温度以上，急速冷却。	使零件表面获得高硬度，而芯部保持一定韧性，使零件既耐磨又能承受冲击。	用于重要的齿轮以及曲轴、活塞销等零件。
渗碳淬火	在渗碳剂中加热到 900℃～950℃，停留一定时间，将碳渗入钢表面，深度约为 0.5mm～0.2mm，再淬火后回火。	增加零件表面的硬度和耐磨性，提高材料的疲劳强度。	适用于含碳为 0.08%～0.25%的低碳钢及低碳合金钢。
氮化	使工作表面渗入氮元素。	增加表面的硬度、耐磨性、疲劳强度和耐蚀性。	适用于含铝、铬、钼、锰等的合金钢，例如，要求耐磨的主轴、量规、样板等。
碳氮共渗	使工作表面同时渗入碳和氮元素。	增加表面的硬度、耐磨性、疲劳强度和耐蚀性。	适用于碳素钢及合金结构钢。
时效处理	1. 天然时效：在空气中长期存放半年到一年以上。2. 人工时效：加热到500℃～600℃，在这个温度保持10小时～20小时或更长时间。	使铸件消除内应力，稳定工件的形状和尺寸。	用于机床床身等大型铸件。
冷处理	将淬火钢继续冷却至室温以下的处理方法。	进一步提高硬度、耐磨性，并使其尺寸趋于稳定。	用于滚动轴承的钢球、量规等。

名　词	说　明		目　　的	适用范围
发蓝发黑	氧化处理。用加热办法使工件表面形成一层氧化铁所组成的保护性薄膜。		防腐蚀、美观。	用于一般常见的紧固件。
硬度	布氏硬度（HB）	材料抵抗硬的物体压入零件表面的能力称"硬度"。根据测定方法的不同，可分为布氏硬度、洛氏硬度、维氏硬度。	硬度测定是为了检验材料经热处理后的机械性能——硬度。	用于经退火、正火、调质的零件及铸件的硬度检验。
	洛氏硬度（HRC）			用于经淬火、回火及表面化学处理零件的硬度检验。
	维氏硬度（HV）			用于薄层硬化零件的硬度检验。